JISUANJIWENZILURU

计算机文字录入

（第三版）

职 业 教 育 教 学 用 书

主 编 沙 申

华东师范大学出版社

·上海·

图书在版编目(CIP)数据

计算机文字录入/沙申主编.—上海:华东师范大学出版社
ISBN 978-7-5617-4410-9

Ⅰ.计… Ⅱ.沙… Ⅲ.文字处理-基本知识
Ⅳ.TP391.1

中国版本图书馆 CIP 数据核字(2005)第 097274 号

计算机文字录入(第三版)

职业教育教学用书

主　　编　沙　申
责任编辑　李　琴
审读编辑　蒋梦婷
装帧设计　蒋　克

出版发行　华东师范大学出版社
社　　址　上海市中山北路 3663 号　邮编 200062
网　　址　www.ecnupress.com.cn
电　　话　021-60821666　行政传真 021-62572105
客服电话　021-62865537　门市(邮购)电话 021-62869887
地　　址　上海市中山北路 3663 号华东师范大学校内先锋路口
网　　店　http://hdsdcbs.tmall.com

印 刷 者　上海市崇明县裕安印刷厂
开　　本　787×1092　16 开
印　　张　6
字　　数　96千字
版　　次　2012年6月第3版
印　　次　2022年8月第12次
书　　号　ISBN 978-7-5617-4410-9/O·154
定　　价　15.00元

出 版 人　王　焰

出版说明（第三版）

CHUBANSHUOMING

本书是中等职业学校教学用书。

全书以"打字高手"软件为平台，将"五笔字型"的汉字输入技能，以生动、趣味的活动，形象、直观地传授给读者。

本书包含键盘指法训练、五笔字型汉字输入法训练、练习和作业三章，中间配有相关练习和说明，并穿插各种案例。最后附有与打字有关的趣味小故事，可读性强。

本书作者曾指导学生在各种计算机文字录入比赛中频频获奖，具有丰富的指导训练经验。作者在书中"言传身教"，紧扣"打字"主题，层层揭示打字秘诀。读者将通过本书学会"五笔字型"汉字输入法，并实现快速盲打。

"打字高手"是近年来各职业学校和"打字族"争相采用的一款优秀的多媒体软件，经软件作者同意，我们出版社已得到此款软件的授权。如想了解更多关于"打字高手"的信息，可搜索、下载"打字高手"软件并安装使用。

教学资源请登录 have.ecnupress.com.cn 搜索"文字录入"下载。

华东师范大学出版社

2012 年 05 月

编者的话（第三版）

随着信息技术的飞速发展，计算机文字录入这一技能在银行、医院、商店、各类公司企业得到越来越普遍的应用。整个社会经济洪流的脉搏，正随着千百万"速录者的手指"在键盘上的飞舞而跳动。

怎样为社会培养出合格的计算机文字录入员？这是各职业学校应该思索的问题——在当今信息社会，这些"敲击键盘的劳动者"的素质将在很大程度上影响社会发展的水平。为此，上海市教委举办了数届的"未来建设者"技能大比武，以及现在的"星光计划"职业技能比赛，都把"计算机文字录入"这一项目作为比赛的"重头戏"，大力表彰和鼓励在这方面有突出成绩的学生和教师。

为了更好地指导和推动各中职学校的"计算机文字录入"课程，我们邀请了一些多年从事这一教学的专业教师，以及国家劳动部计算机文字录入技能考试命题专家共同编写了本书。

本书具有以下特点：

● 内容简要、新颖，紧扣"打字"主题，层层分析，揭示要诀；

● 图文并茂，通俗易懂，示范性强；

● 各章节都配有相关练习和说明的"案例"，可操作性强。

本次修订主要完善了成字字根和末笔交叉识别码的练习。

本书主编指导的学生曾参加过各类计算机文字录入比赛，且屡获殊荣：

2003年"金山"公司举办的"谁是中华第一打字高手"北京、上海、广州、成都4城市网上竞赛，荣获上海赛区"指圣"、"指神"、"指仙"称号。

上海市中专、职校第八届"未来建设者"技能大比武汉字输入团体一等奖并包揽个人第一至第四名。

上海市中专、职校"星光计划"第一至第四届职业技能比赛计算机文字录入团体一等奖。

2006、2007年微软《极品飞手大赛》中英文双科冠军；2008年英文录入冠军、中文录入亚军。

在上海银行浦东分行、民生银行上海分行、招商银行上海分行参加的上海金融同业工会以及全国金融界的银行员工技能大比武的相关项目（储蓄开户、翻打传票、会计记账等）中均获得优异成绩，名列前茅。

编　者

2012 年 05 月

教学进度(参考)

第1周	绪言;键盘指法五要素	§1.1
第2周	基础练习(导键)	§1.2.1
第3周	基础练习(范围键)	§1.2.2;§1.2.3
第4周	盲打练习(速度、准确性)	§1.2.7
第5周	五笔概论;键名汉字和一级简码练习	§2.1;§3.1
第6周	字根练习	§2.2;§3.1
第7周	成字字根练习	§2.3;§3.2
第8周	识别码练习	§2.3;§3.3
第9周	四码和难字练习	§3.4
第10周	二级简码练习和一级简码复习	§2.4
第11周	常用1000字练习	§3.6
第12周	词组练习	§3.7
第13周	短文练习	《打字高手》练习与测试
第14周	短文练习与测定	《打字高手》练习与测试
第15周	文章练习	《打字高手》练习与测试
第16周	文章练习	《打字高手》练习与测试
第17周	文章练习	《打字高手》练习与测试
第18周	中、英文录入练习与考核	《打字高手》测试与考核

只有会"输"才会"赢"

在计算机日益普及的今天,计算机文字录入这一技能的重要性日趋突出。诚然,科学技术的发展使得"笔输入"、"语音输入"技术正在逐渐改进,但是"键盘输入"仍然是目前各行各业首选的方法。

面对海量的信息,"输入"是首要的处理环节。而我们中专、职校、技校学生,无论哪个专业,无论今后从事何种职业,计算机文字录入这一技能是必不可少的,因为它已经成为当今信息社会对每一个人的最基本的能力要求。

只有会"输"才会"赢"——让我们赶快"武装"好自己,努力成为对现今信息社会更有用的人。

都说学电脑打字没有捷径,只有苦练、不能速成,短时间内无法搞定。其实中国人在学习电脑打字方面确实走了太多的弯路、浪费了太多的时间。成功者的经验告诉我们,确有捷径可寻——不走弯路就是捷径,走捷径就是速成!速成的关键是要掌握先进、正确的学习方法,摆正次序、先易后难、循序渐进。不会"爬"、不会"走",一上来就想"跑",结果往往是欲速则不达——不少人学习电脑打字的失败之因就在于此。

"五笔字型"是汉字输入法中的一朵奇葩,它以极短的平均码长和极低的重码率成为众多使用者的首选方案。编者从十几年来的教学经验中摸索出一套直观、快捷的教与学的方法,突出指法训练与编码规则两大关键,从而达到学会"五笔字型"汉字输入法并实现快速盲打这一目的。

事实和经验告诉我们,只要方法正确,加上苦练和巧练,短时间内必能获得成功。笔者认为,所谓电脑打字的一套好的、正确的方法,至少应该包括两个方面:其一,一本汇集了优秀"打字高手"经验和学习指南的教程;其二,一个经过众多学习者认可、使用起来得心应手的优秀软件。

爱因斯坦曾经说过:"兴趣是最好的老师。"本书将"五笔字型"的汉字输入技能的学习变成了生动、趣味的技能训练活动,并通过对"打字高手"软件的灵活应用,形象、生动、直观地将书中重点、要点及学习方法面对面地传授给读者,以使识记效果倍增。

本书作为中等职业学校"计算机文字录入"专业技能课教程,旨在帮助同学们在任课老师的指导下,运用"打字高手"软件认真做好各项练习。中等职业学校的"计算机文字录入"专业技能课一般每周2课时,而学(练)与教的比例应大于2∶1,即每周同学自己的练习起码为4课时以上。本教程按照循序渐进的原则,由浅入深,从计算机键盘指法的入门训练开始,一直到英文、中文文稿录入的初、中级水平,讲解了本书各阶段课程需要注意的要领和技巧,其中汇集了编者和不少优秀学生——"打字高手"们的经验之谈。相信一定能成为各位同学学习和训练的好帮手。

文中的有些案例,亦可作为各中专、职校"计算机文字录入"集训、比赛队员训练之参考。

沙 申

2005 年 3 月 22 日于南湖职校

目　录

第一章　计算机文字录入键盘指法　　　　　　　　　　1

1.1　键盘指法概述　　　　　　　　　　2
1.2　键盘操作指法基础练习　　　　　　　　　　7
1.3　初学者易出现的错误　　　　　　　　　　13
1.4　技术训练和心理训练　　　　　　　　　　15
1.5　开发你的"右半脑"　　　　　　　　　　16

第二章　五笔字型汉字输入法　　　　　　　　　　19

2.1　五笔字型编码基础　　　　　　　　　　20
2.2　五笔字型键盘设计及使用　　　　　　　　　　27
2.3　五笔字型单字输入编码规则　　　　　　　　　　29
2.4　简码输入　　　　　　　　　　34
2.5　常用 1000 字和分类记忆　　　　　　　　　　39

第三章　练习和作业　　　　　　　　　　45

3.1　"字根图"的强记和默写　　　　　　　　　　46
3.2　成字字根的练习　　　　　　　　　　47
3.3　末笔交叉识别码练习　　　　　　　　　　52
3.4　4 个字根及超过 4 个字根的字　　　　　　　　　　60
3.5　重码字　　　　　　　　　　61
3.6　常用 1000 字　　　　　　　　　　66
3.7　五笔字型输入指法练习　　　　　　　　　　74
3.8　软件使用中要注意的几个问题　　　　　　　　　　76

附　录 1　　　　　　　　　　79
附　录 2　　　　　　　　　　83
参考文献　　　　　　　　　　85

第一章　计算机文字录入键盘指法

通过本章的学习，了解规范键盘指法的重要性，知晓键盘指法的"五要素"，并试着进行盲打练习——"高手"都是从这里开始的！

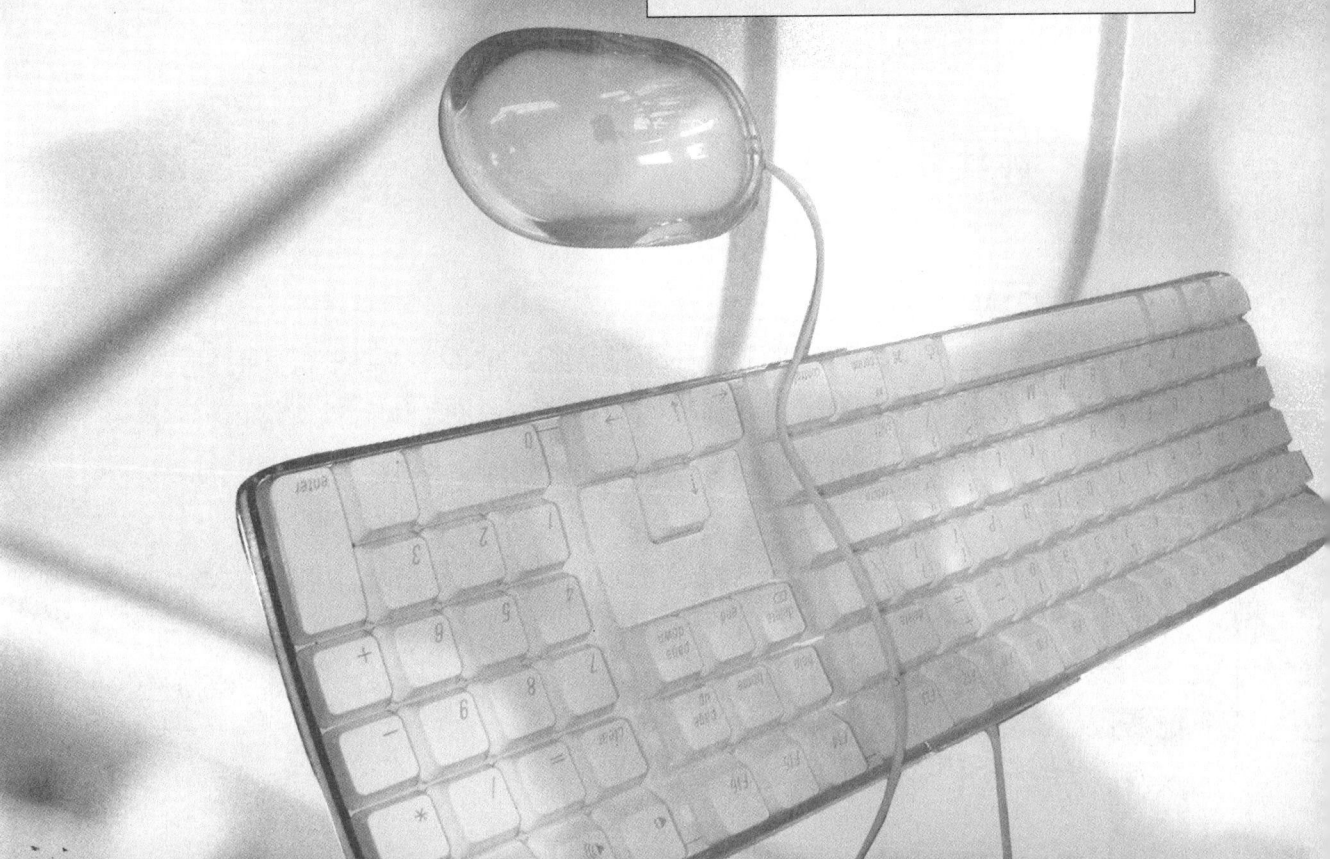

社会的发展要求我们会用键盘录入文字,在我国,电脑打字技术的普及已是大势所趋。电脑打字必须也应该比手写快,否则就失去了它的意义。所以人们对用键盘录入文字的要求不仅是要"会",而且要"快"——熟练。

不难想象,如果一个中文秘书,一手拿着稿子,眼睛看一下稿子,接着去看电脑键盘,然后再用另一只手去敲击键盘,其效率怎么能跟一个双眼不看键盘而熟练地敲击键盘的秘书相比呢?一个熟练的计算机文字录入员,一个小时可以输入近万个汉字,而不懂"指法"的人,却只能输入几百个英文字符!难怪有些学生在电脑语言课做实验时,仅输入程序就要用去很长时间。

可见"指法"在计算机文字录入中占有多么重要的地位。而正确的"指法"更是每一个计算机文字录入员的必修课,它的开始和养成能为你打好坚实的基础,甚至可以让你"享用"一辈子。

计算机文字录入是以计算机键盘为工具,通过手的条件反射,熟练地在计算机键盘上敲击字键所进行的一种技术性工作。它是一项复杂的劳动,不仅需要具有熟练的技巧,还需要有一定的计算机知识和心理素质。

键盘录入应充分发挥每一个手指的作用,完成从视觉(或者听觉)到触觉的转换过程,它的要点不在于理解,而在于熟练地应用。经过严格训练的计算机文字录入人员,工作起来可以做到眼到手到、得心应手,且能保持高速度、高质量。

1.1 键盘指法概述

1.1.1 正确的姿势

初学键盘录入时,首先必须注意击键的姿势。打字往往要坐很长时间,如果姿势不当不仅容易使人感到疲劳,也影响录入的速度和准确性。俗话说:坐有坐相,站有站相。无论做什么事,都要有做事的样子。电脑打字也是一样,要有一个正确的姿势。

(1) 坐的姿势要端正,腰挺直略微向前倾,但背要靠紧椅背,两膝平放,双脚着地。

(2) 应将全身置于椅子上,座位高低要适中,人与键盘的距离以人能保持正确的击键姿势为准,两肘轻轻贴于腋边,与键盘平齐。

(3) 坐的位置稍偏于键盘右方,身体保持正直。

(4) 手腕凌空,不碰到键盘,不碰到桌子,手指凌空(浮)在基本键位(导键)上。这不仅是提高速度的窍门,而且也是电脑录入人员防止误击的好方法。

(5) 手指要保持弯曲拱起,第一指关节与键面的角度应大于70°。

(6) 显示器放在键盘的正后方,要输入的原稿紧靠在键盘左侧,以便于阅读。

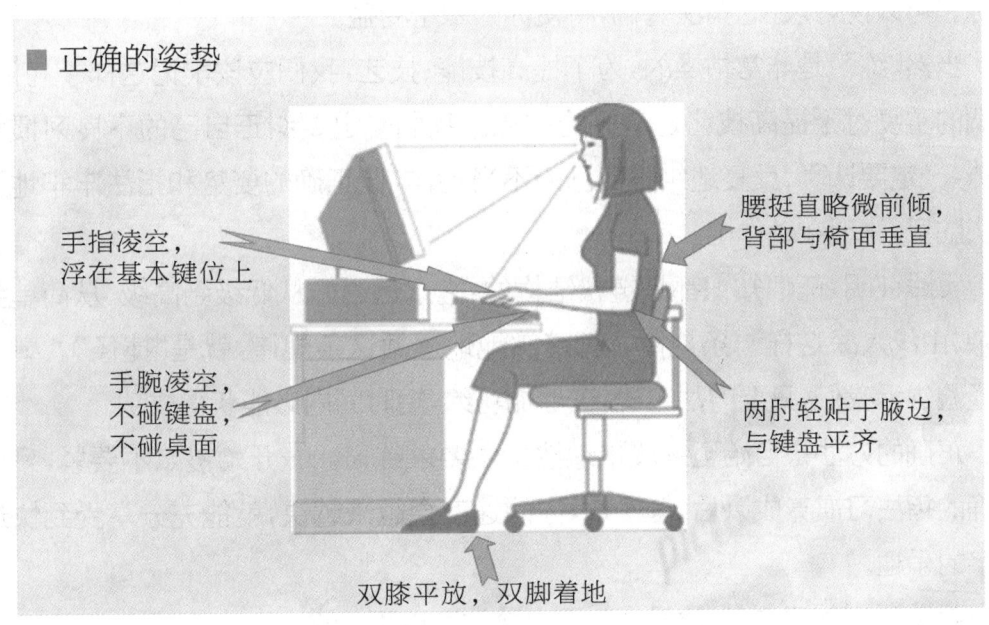

■ 正确的姿势

手指凌空,浮在基本键位上

腰挺直略微前倾,背部与椅面垂直

手腕凌空,不碰键盘,不碰桌面

两肘轻贴于腋边,与键盘平齐

双膝平放,双脚着地

1.1.2　正确的指法要领(一定要学会"盲打")

学习电脑打字首先要做到的就是眼睛不看键盘,即能够"盲打"。这是学习指法的先决条件,也是初学者的难点。

"盲打"也叫"触觉打字",就是眼睛不看键盘,只靠指法规律用手摸着打。如果不按指法规律打字,那么击键时就又要看键盘,又要看稿件,势必顾此失彼,失去快速打字的意义。"盲打"就是当眼睛看到原稿上的文字后,手能不假思索地把所看到的字在屏幕上打出来。对于一个初学者来说,不看键盘打字是有困难的,但学习打字的目的就是为了克服这个困难。初学者不要只顾一时的方便而看着键盘打字,这样会养成错误的习惯。一开始肯定会出现很多错误，练习就是要在不断克服错误中前进。一般来说，对于一个一切都处于空白、刚准备学习电脑打字的同学，一开始就严格按照正规方法训练，往往可以较快地达到目的。而对一些已经会一点打字的同学，往往不容易克服自己的不良习惯，但是只要下定决心，也可以改变自己原来的习惯，实现高速盲打。

常言道：基础不牢，地动山摇。有不少同学的计算机文字录入水平练到一定程度后，往往提高上升得很慢，其中就与前期盲打的基础指法没有练好有很大关系。所以，我们在入门阶段，一定不要放松对"指法"这一关键环节的反复训练。可以说，良好的指法基础，将使你一辈子受益。

当然，练习是非常枯燥的，为了提高技能、技艺，我们应该牢记这样一句话：单调的重复对于提高技艺是最好的训练。我们一定要纠正自己的不良习惯和姿势，一定要认真、反复地纠正自己的不当动作，让正确的姿势和指法牢牢地记在头脑里，体现在动作上。

实践证明，任何知识都是链状结构的，它永远遵循从低级到高级、从简单到复杂、由浅入深这样一条规律。脚踏实地地遵循这条规律，就是"捷径"。事实和经验告诉我们，只要方法正确，苦练加巧练，短时间内必能获得成功。

正确的方法是自始至终严格地按指法要求练习。一开始慢点不要紧，只要正确的指法习惯养成以后，慢慢地，你的速度会越来越快，就能充分享受到快速打字的乐趣。

要做到"盲打"，在具体操作时要充分注意以下几点：

(1) 键感——唱歌要有乐感，打字也要有键感。打字的"打"，用得实在妙。"打"字就是用手指敲击每个字键。所谓键感就是在敲击字键时要注意是"击"键，而不是"按"键或"压"键。"击"键就要短促有力，一触即起，犹如触电一样，要干脆利落，不可拖泥带水。"击"键完毕手指要迅速退回到原位（导键）上，不能同时击两个键。"击"键的频率要均匀而有节奏，这也是提高输入速度的关键技巧之一。

(2) 键位——计算机键盘上的字键的位置是按照各英文字母在文章中出现机会的大小来排列的。在 26 个字母中，选出了用得较多的 7 个字母键和 1 个标点符号键作为基准键，也称原位键或导键。基准键位于键盘的第二行，共有 8 个键（A、S、D、F、J、K、L、;），基准键与手指的对应关系如图所示。

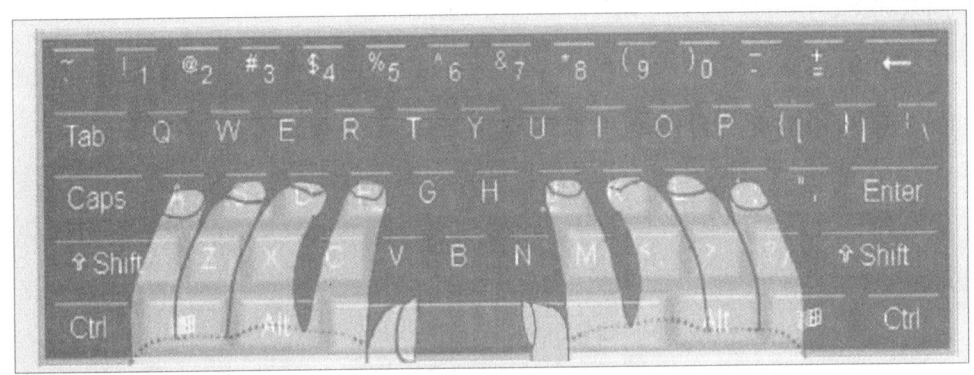

基准键与各手指的对应关系

操作者必须始终保持端坐的正确姿势，必须牢记基准键与手指的对应关系，切不可有半点差错。

在键盘输入的基础训练中，除基准键排上的8个字键要求在击键后，手指仍放在原位字键上不动外，击其他各字键后，手指必须回归到原基准键上。这样做的目的是训练初学者的击键和回放动作，做到正确、熟练地掌握基准键位及各手指所管理范围内各键之间的距离、位置。

如下图所示，一条斜线上的字键都由同一手指管理。两手的各个手指必须放在图中所规定的字键上。保持左右手的小指、无名指、中指和食指这8个手指集中在导键（即基准键）的位置上，只是在需要敲击其他键时才离开导键，但敲击后应立即回到导键上来。

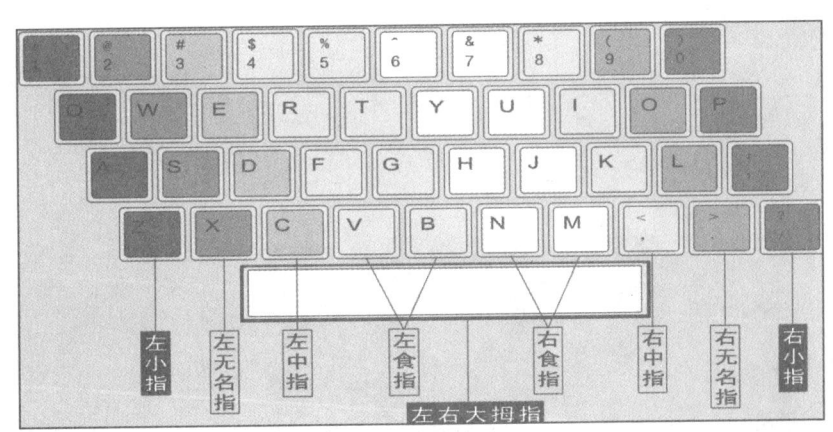

导键与范围键

每个手指除了打它的原位键以外，还打它的范围线所包括的字键，这种字键称为范围键。例如，左手小指负责打 Z、A、Q、1 和左边的 3 个键；左手中指打 C、D、E、3 这 4 个键。

　　空格键是位于键盘下部的一条长板，它由拇指轻击。一般最好只用同一只手的拇指完成。

　　一开始打字时你就可能发现每个手指是相互依赖的。在你有空时，可以在桌子上练习轻扣手指，这样有助于增强你手指的灵活性，从而改进手指在键盘上的活动。

　　（3）键角——第一指关节与键面的角度要大于 70°，如下图所示：

　　而下图的这种指法，就属于错误的指法（键角太小），这样是不利于快速击键的。

　　（4）键距——在强调击键的时候，应同时注意第一指关节与键面的距离

(1～1.5 cm),也就是说击的力度要适当。经验告诉我们,距离越近,频率才能越快。

（5）键速——掌握正确指法要领的根本目的在于提高键速,有一定速度的电脑打字才是真正有实际意义、有实用价值的技能。衡量一个人的键速一般有两种度量方式:键/分或键/秒。

1.1.3　键盘指法五要素

以上我们讲解了有关键盘指法的基本要领和方法,可以归纳为"五要素":

（1）键感——十指在接触键面的瞬间弹跳、击键,反对"压"键和"按"键;

（2）键位——能掌握"盲打",双手"浮"于导键之上进行快速录入;

（3）键角——第一指关节与键面的角度要大于70°;

（4）键距——第一指关节与键面的距离应在1～1.5 cm之间;

（5）键速——单位时间内击键的平均次数,度量方式为:键/分(或:键/秒)。

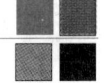

1.2　键盘操作指法基础练习

1.2.1　导键(A、S、D、F、J、K、L、;)的练习

导键(即基准键)是手指在键盘上应保持相对固定的键位。打其他键都是根据与导键键位的相对位置来确定的。大多数计算机的"F"和"J"键上都有一个突出的小横,以便于手指食指的定位。在打字时,各手指击键后都应立即回到导键上。

导键的练习不必规定次序,只要练会动作和感觉。现在练打下面的导键字母。眼睛尽可能只看书,集中注意力,可以边打边念所打的字母。一开始不必求速度,只要求找感觉。

f f f f a a a a j j j j ; ; ; ; f f f f a a a a j j j j ; ; ; ;
asdf ;lkj asdf ;lkj asdf ;lkj asdf ;lkj ;
ass add aff ;ll ;kk ;jj ;ass add aff ;ll
fdd fss faa jkk jll j;; fdd fss faa jkkj

aff ;jj add ;kk ass ;ll aff ;jj add ;kk

faa j;; fss jll fdd jkk faa j;; fss jllj

a jaffa salad;alaska;salad;all salads;

a lass falls;lads falls;dad falls alas;

ask a lad; ask a lass;ask dad;ask all;

记住:**一定不准看键盘,一开始肯定会打错,只能靠触觉纠正,不能靠眼睛。**

在进行新的练习之前,要能熟练地将从导键上出击的手指准确地退回。先看着键盘做一遍,然后不看键盘再练习。只有当你能够不看键盘自信地从导键来回击键时,才可以练习打新的字母,这一点很重要。

本练习可以用"打字高手"指法训练(1)基准键练习来进行,一般以 5~10 分钟为一个练习节点,不断进行。当你找到一点感觉以后,再慢慢提高速度,根据不同人员的情况,一般键速达到 60~120 键/分或 1~2 键/秒为开始入门阶段。只有达到了这个基本键速后,才可以进行后面的各项练习。

英文打字是汉字输入的基础,而导键练习又是英文打字的基础,可谓"基础的基础",所以我们必须把这一基础牢牢打好,所谓"磨刀不误砍柴工",道理就在于此。

1.2.2 范围键(EI、GH、RTUY)的练习

详见"打字高手"的"指法训练"相关练习。

1.2.3 范围键(WQOP、VBMN、CXZ?)的练习

详见"打字高手"的"指法训练"相关练习。

1.2.4 循环码练习法

在以上练习的基础上,如再以"循环码练习法"进行强化,则效果更好。

abcd efg hijk lmn opq rst uvw xyz

abcd efg hijk lmn opq rst uvw xyz

……

练习 20 遍以上,以达到"盲打"的目的。

1.2.5 符号的输入

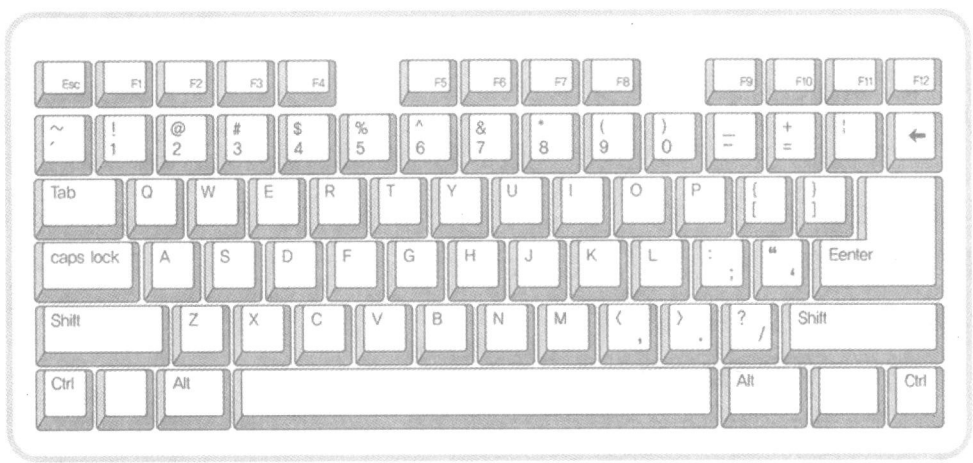

在输入程序中的运算符及其他标识时,必须注意以下几个问题:

(1) 符号类型及分布。对不同的机型,其符号类型和分布也略有差异。对于不使用固定的某种机型的操作人员,输入某个符号的指法,取决于该符号所处的键位。也就是说,所需符号处的键位不同,所使用的手指和指法也应作相应改变。

(2) "Shift"键作用。在输入符号时,需用"Shift"键适当配合。要输入由右手管制的" * "号键时,就要先用左手小指按左边的"Shift"键,再用右手中指击键盘右边的"8"键,击毕两手缩回;要输入左手管制的"♯"号键时,则需右手小指按"Shift"键,再由左手中指击"3"键,该符号才能被输入,其他符号的输入方法以此类推。

(3) "."——句号(也用作数字中的小数点)。输入时用原击"L"键的右手无名指朝手心方向(微偏右)弯曲一些击"."键,击毕缩回。

(4) ","——逗号。输入逗号时,用原击"K"字键的右手中指朝手心方向(微偏右)弯曲一些击","键,击毕缩回。

(5) ">"——大于号。它与句号在同一个字键上,输入大于号时,左手小指按 Shift 键后,右手的动作与句号输入的手法一样,右手击毕,两手均立即回归基准键上。

(6) "<"——小于号。它与逗号在同一字键上,输入小于号时,左手的指法与输入大于号时相同,右手与输入逗号相同,不再赘述。

这里要注意";"、"."、","、":"、">"、"<"(即分号、冒号、句号、逗号、大于号、小于号)之间的异同,在练习过程中要认真体会,不可记混,否则极易张冠李戴。

1.2.6 小键盘数字键的练习

用计算机录入数据时,往往有大量的阿拉伯数字需要录入,输入内容为数字0~9及运算符"+"、"-"、" ＊ "、"/"时,可采用单手小键盘输入,这样可极大地提高输入速度。小键盘输入在金融、统计等行业尤为普遍。

键入纯数字的指法可以有两种:

1. 利用键盘第一排的数字键

将除了大拇指以外的8个手指放在第一排的数字键上,其方式与导键的放法相对应,也就是"A"、"S"、"D"、"F"对应于"1"、"2"、"3"、"4";"J"、"K"、"L"、";"对应于"7"、"8"、"9"、"0"。

2. 利用右边的小键盘

首先按下"Num Lock"键,这样就可以输入小键盘的数字了。

基准键位为:"4"、"5"、"6"、"+"。分别用右手食指、中指、无名指、小指轻放(浮)在这些键位上。而"5"是导键的"定位键",因为在"5"键上有一个突出物,就像英文键盘上的"F"键和"J"键一样,起着盲打定位的作用。在基准键位的基础上,对于其他数字及运算符都采用与基准键的键位相对应的位置(简称相对位置)来记忆。

即:用原击"4"键的右手食指击"7"键、"1"键、"0"键,用原击"5"键的右手中指击"8"键、"2"键、"/"键,用原击"6"键的右手无名指击"9"键、"3"键、"."键、" ＊ "键,用原击"+"键的右手小指击"-"键及回车键。在这里也可以用大拇指击"0"键。

键盘的指法区如左图所示,在同一竖行范围的按键,都必须由右手的同一手指管理。这样既便于操作,又便于记忆。

当小键盘数字录入的基础到一定水平后,即可进行"商品编码、身份证号码的录入练习"的实战训练。进入"打字高手"软件,选择"测试"菜单→开始英文录

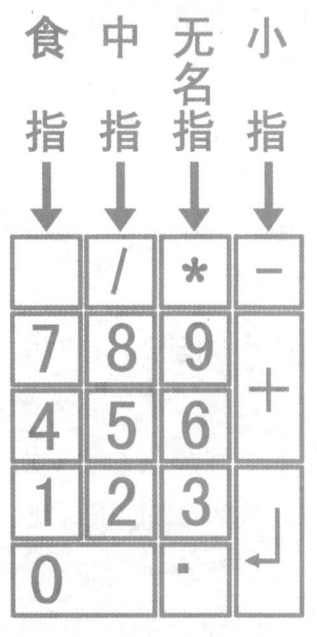

注意:必须保证此时"Num Lock"指示灯状态为亮显。

入测试→其他英文测试文章*→数字录入测试文本→选择"商品编码. txt"或"身份证号. txt"即可。当然,我们也可以有针对性地编写一些"数字码本",放在同一个文件夹内,只要是文本文件格式就都能使用。

1.2.7 英文录入(综合练习)

"打字高手"这款优秀的软件给我们提供了大量的练习素材,练习者还可以自己整理增添相对应的练习素材,以不断地提高自己的水平。

1.2.8 速度和准确性的训练

有许多错误的快速打字和虽然准确但速度很慢的打字都是没有意义的,所以你必须同时提高打字的速度和准确性。对于职业打字员,日常所要求的打字速度,其键速在 6 键/秒左右。但一个出色的打字员应能达到键速 8 键/秒以上,即每分钟 480 键至 500 键以上的速度。为提高速度和准确性,最好的办法是将一段稿子反复练习,直到达到一定的速度和准确性,才可换稿练习。每练一遍,我们要把所用的时间和错误个数记录下来进行比较,然后有重点地继续练习。比如,我们选择一个句子:

When the sun shines, he likes to work in the open.

然后按下述不同的目标来循序渐进地反复练习,在每一步打完后统计在一分钟之内所打的字符数和错误个数。

(1)保证准确性。用你所能维持的合理、准确的最快速度去打。

(2)提高速度。打练同一句子,此时是以提高速度为主要目的,随着速度的提高,出现的错误也可能同时上升。但只要不到错误百出、不成文字的程度就行了。

(3)强求速度。还是打练同一句子,这次是把速度提高到步骤(2)之上,即使错误也不去管它。

(4)保证准确性。用你最快的发挥良好的速度去打,即用你所能维持的合理、准确的最快速度去打。

---

* 其他英文测试文章:软件界面显示为"其它英文测试文章","其它"汉语规范字形应为"其他",全书采用规范字形"其他"。——编者注

在速度和准确性训练中,要坚定地以循序渐进的方式提高打字的速度和质量。采用这种双重目的的打练,你一定能发现最后一次的定时打练比初次打练不但更快,而且更准确,你的自信心也会增加。速度和准确性的结合将使你的打练水平不断提高。

在速度训练中,要求快速阅读。一个成熟的计算机文字录入员,输入时一般要把70％的注意力用在阅读原稿上,而把30％的注意力放在两手的动作上,将原稿上的每一个视觉信号迅速反应转为指法(触觉信号)。在输入第一个单词时,眼睛已注意到下一个单词,这种方式叫作**流水输入方法**。

在练习打字时,除了要注意姿势和技术训练以外,还要注意心理训练。在做好准备以后,要不受其他任何事情的干扰,最大限度地集中精力做练习。阅读原稿的速度以手能跟上为宜。击键过程中,要注意体会处于不同键位上的字符被击时手指的感觉和手指动作的差别。一个熟练的计算机文字录入员,在平时的工作中,一旦发生差错会**下意识地**迅速改掉,而根本不用看键盘。

输入速度的提高除了要按前面所述的正规方法操作以外,还要多记、多练、形成条件反射。这是视觉(或听觉)到触觉的条件反射。

前面我们讲过,每击完一个键以后手指要回到导键上来,但这也有例外。当遇到有两个以上的连续字母或符号需要用同一手指完成击键动作时,就不必每击完一个键后手指都回到导键上来,而应连续击完以后再回到导键上来。比如输入"once"这个词时,左手食指击了"c"键后随即越过"d"键而去击"e"键。这就是人们所说的"**凌空击键**"和"**多指凌空击键**"的打法(又如:grey、here、hers、jeer、jerk、late、real、sure 等都是这种打法)。"**凌空击键**"和"**多指凌空击键**"对提高速度很重要,在以后的汉字输入中更是有用。

需要强调的是,决不要为了追求速度或准确性而抛弃良好的打字习惯。好的习惯是形成健全的打字技巧的必要基础。进行键盘输入最忌讳的是边看底稿边看键盘,同时边看显示器上已输入的信息。这样,注意力易被分散,容易造成多打、漏打、串行等差错。

而"听打",即速录,则是看屏幕打和看稿件打的更高层次。目前,我国的速录水平和速录技术已经有了较大的提高。但是,各行各业对速录员和速录师的需求仍然很大,是一个潜力巨大的市场。

1.2.9 盲打的阶段标准

关于键速(键/秒)的阶段标准：

键速＝1～2　入门水平

键速＝3～4　初级水平

键速＝5～8　中级水平

键速＞8　高级水平

每分钟竟能在电脑键盘上准确无误地敲下 807 个键！这是一位来自捷克共和国的女性创下的"吉尼斯世界纪录"。

在第 43 届"国际速记大赛"中，一位来自捷克的女秘书在电脑键盘上以平均每分钟准确无误地敲下 807 个键的惊人速度获得打字组的冠军；同时，她的这一成绩还创下了新的"吉尼斯世界纪录"。这位击键如飞的女秘书名叫马特什科娃。在本届"国际速记大赛"打字组的比赛中，马特什科娃按照竞赛规则和要求，在 30 分钟内共敲下 24224 个键，其中包括英文字母、数字和各种符号，平均每分钟敲键 807 个，而且字字准确无误。马特什科娃的这一优异成绩还打破了保持 16 年之久的原"吉尼斯世界纪录"，一举获得"世界打字女王"的称号。1985 年，一位名叫布莱克本的美国女士在当年的"国际速记大赛"中，曾在 50 分钟内准确地敲下 37500 个键，从而以平均每分钟敲键 750 个的成绩创下当时的"吉尼斯世界纪录"。马特什科娃的这一纪录，至今还未被人打破。你想成为这个打破纪录的人吗？

1.3　初学者易出现的错误

经过以上几个单元的练习，这里介绍一下初学者最易忽视的问题，以提醒练习者注意。

（1）两字之间或标点符号之后的空格是最容易遗漏的。这是由于初学者指法生疏，击键速度太慢，以至于打好一字或符号之后，只顾继续打下去，而忘掉了应留下的空格。要纠正差错就要养成把空格作为符号对待的习惯，见空格就击空格键，有几个空格就击几次空格键。

（2）练习速度的时候，有不应留空格而留下了空格的情况，这是由于拇指与空格键距离太近，在连续击字键的过程中，大拇指无意间碰到空格键所致。

（3）盲目贪图速度，太快和用力过猛，超出应有的均匀节拍，就会损坏字键触点。以后再使用这些字键时，就会给操作带来不便或打不出预定的字符。而这样的击键打字不但速度快不起来，差错也会很多。

（4）速度练习还会遇到两个常见的错误。一是把一只手的某指管辖的字键错记为另一只手的相应手指，使得输入的字符出错。例如，按原规定应用左手中指击"E"键，右手中指击"I"键，但误把左手中指所击的字键当作"I"，而把右手中指所击的字键当作"E"，这样打出的文章或程序"E"、"I"的位置就打错了。二是击键过快时，击键的先后次序也容易搅乱，例如，会把 and 打成 nad，the 打成 teh 等。这些错误的出现，表明指法还不熟练。

（5）要输入字键中部分"双义键"的符号时，要先用左（右）手按下"Shift"键，必须等到右（左）手击了所需要的符号键之后，左（右）手才可退回到基准键上。

（6）在输入过程中，基准键位上的手指偏离或错位，会使得输入的结果面目全非。所以，"A"、"S"、"D"、"F"和"J"、"K"、"L"、";"这8个键位必须用规定的手指来操作，切不可混乱或逾越。

（7）击键太猛、太用力。这种现象常会出现在过去曾经练习过机械式英文打字机的这一部分同学身上。由于机械式英文打字机的这种特殊的构造，使得这部分同学长期练习已经养成了指法习惯。表面上看起来，他们一上来就能够盲打，而且速度也还可以。但是，作用力和反作用力始终是相等的，这种机械式英文打字机的指法，到了现在的计算机键盘上，不仅极易损坏键盘，而且会限制他们的键速到了一定的水平以后很难再有提高。所以，对这部分同学，必须重新练习和改进自己的指法，而且越早越好。不要到了后期，发觉自己与其他同学差距越来越大，再来练习和改进，就为时已晚。这就是部分同学的打字速度在一定时期里总是停滞不前的一个重要原因。

1.4 技术训练和心理训练

在键盘上进行准确性和快速性的训练时,除了强调正确的姿势外,还必须强调技术训练和心理训练相结合。

1. 专心和静心

训练时,在做好准备工作后,要不受其他事情的干扰,最大限度地集中精力做练习。阅读原稿的速度,以手能跟上为宜。击键过程中,注意体会处于不同键位上的字键被击时手指动作的差别和手指的键感,尽力记住准确的击键动作。

2. 正确与速度

在基础练习阶段,要把准确性放在第一位。因为,基础训练阶段的正确姿势,逐个字符地记忆键位,训练手指的动作,练习眼、脑、手的协调等都是重要的,而且是以后提高速度的基础。

一般,原稿放在键盘的左侧,阅读起来比较方便。如果配置有专用的底稿架,则放置在键盘后面的中间位置更佳。

阅读稿件时,要将视线集中在单词(或字组)上;击键时,视线要集中到第一个单词上,击完第一个单词后,视线移到后一个单词(空格归并于前一单词或字组)。

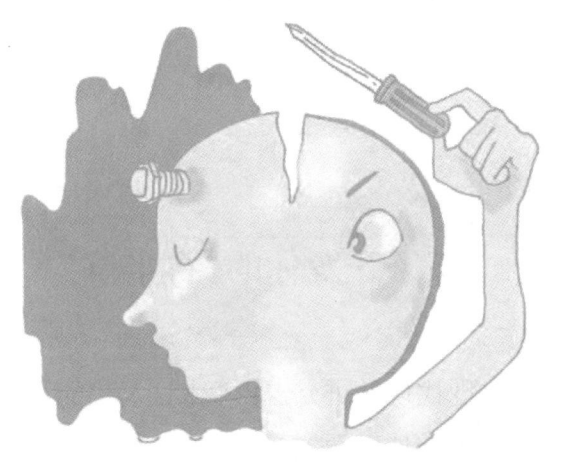

在眼看与手击之间,脑是桥梁。眼所看见的反映到脑子里,脑指挥手的动作完成击键;手的键感返回通知大脑动作完成,眼睛又去收集信息,其路径为:

$$眼 \rightarrow 脑 \rightarrow 手 \rightarrow 脑$$

直到输入结束,该循环才结束。

3. 脑速与手速

这里的手速是指手指击打键盘的频率，即键速；而脑速就是每个人对汉字按照输入法的拆分规律而进行的思维和判断的过程的速度。当我们看到一个汉字，并按其"游戏规则"转化成键位，再由大脑指挥手去击打键盘，从而在电脑屏幕上出现我们要输入的汉字——这就是计算机文字录入的全过程。

在这里，脑速是第一位的（即人们对输入法的学习和掌握的熟练程度），否则，一切都无从谈起。但手速又往往成了人们提速的瓶颈所在。实践中，有不少同学的打字成绩难以提高的原因，就是他的手速阻碍和限制了自己速度的提升。只有脑速和手速的最佳配合以及键速的"千锤百炼"，才是成为打字高手真正的"秘诀"。

计算机文字录入的学习和练习过程，实质上是以练习打字为载体，将汉字变成图形图像，手脑分工、手脑协调，由脑到手、手脑并用，左右脑平衡发展的训练过程。训练中，通过双手高频率的活动（击打键盘），能促进大脑血液的循环，刺激大脑细胞的活跃。学习过程还能训练正向思维、逆向思维、逻辑性思维和抽象性思维。难怪有人说，计算机文字录入是一种"思维体操"。

这种"思维体操"既是大脑记忆力的训练，又是手的灵活性和大脑对手控制精度的训练。经该训练法形成的技能，就好像学会了骑自行车，手脑的条件反射一旦形成，就不会忘记。

1.5　开发你的"右半脑"

现代科学研究告诉我们：人脑的左右部分有不同的功能。具体地说，左半部分主要处理语言、逻辑、数学和次序等；而右半部分处理节奏、旋律、音乐、图像和幻想等。可是，传统的机械记忆仅仅使用了左半脑，右半脑几乎被闲置，效率低下理所当然。我们应该开发右半脑，强化左半脑，争取做到左右并用。根据科学研究，优秀人物智力超常的奥秘就在于左右脑均衡发展，素质全面。左右脑的功能协同是产生创造力的基础。古今中外，出类拔萃的奇才无不都是左右脑功能协同、并用俱佳的人。

人的左、右手的活动是与人的左、右两个半脑联系着的,而且左、右两个半脑有严格分工。左半脑管抽象思维,侧重于语言、数字、符号、逻辑推理等;右半脑管形象思维,侧重于想象、节奏、图形、位置、音乐、形象思维等。两个半脑有相对独立的支配能力,左半脑支配右手,右半脑支配左手。人们一般较多地使用右手,相应地促进左半脑发达。我们要是较多使用左手,必然会促进右半脑发达。如果我们同时使用左、右手在计算机的键盘上对英文、汉字和符号按一定的规律击键如飞,必然会促使左、右半脑同时发达。

令人振奋的是,美国加利福尼亚的奥恩斯坦教授发现:如果对两个半脑中的未开垦处给予刺激,激发其积极配合另一半脑,它所起的作用,会使大脑的总能力和效率成倍地提高——当人的左右脑较弱的一边受到激励而与较强的一边合作时,大脑的总效能不仅仅是 $1+1=2$,而是会增加 $5\sim10$ 倍!只用半边脑工作就如同用一条腿走路一样,只有一半残缺的智慧。一条腿走路与两条腿走路、飞奔相比,效率相差岂止一半。如果你利用了整个大脑的力量,挑战、思索、创新就会充满你的大脑,吸引你的注意力,结果是学得更快、更好、更牢。

所以,有人就提出了这种观点:开发智力就是开发右脑。日本人还提出发展一种左侧体操以便更好地发挥右脑功能。左右两半脑对人体的控制是交叉的,发展左侧体操其目的就是为了刺激右半脑的发展。

不少职业学校技能培训的实践证明,进行计算机文字录入训练是开发学生智力的一条简捷而有效的途径,它对人脑早期发育阶段基础性的智力培育,对开发人类右脑功能,进而对人脑整体功能的开发利用,有着十分明显的作用。研究证明,这种运用左、右两手同时进行操作的训练,能充分调动人体两手手指间极为丰富的末梢神经,更能促使大脑的左、右两个半脑大幅度发展,充分发挥其潜力,使记忆和思维能力大幅度增长。通过不断的训练,沉睡的大脑将被唤醒——人们普遍地感觉到这些学生的脑功能发展、注意力集中度和选择灵活性、信息提取能力、信息搜索时间等方面明显优于未接受过训练的学生。他们的其他各门功课成绩和技能水平都有了不同程度的提高和发展,他们的思维和创造性也都有了一定的提高。而对原来思维较为迟钝的同学来说,这种来自于视觉、听觉、触觉的综合训练,纵使没有别的好处,也能使其趋于敏捷和聪慧。

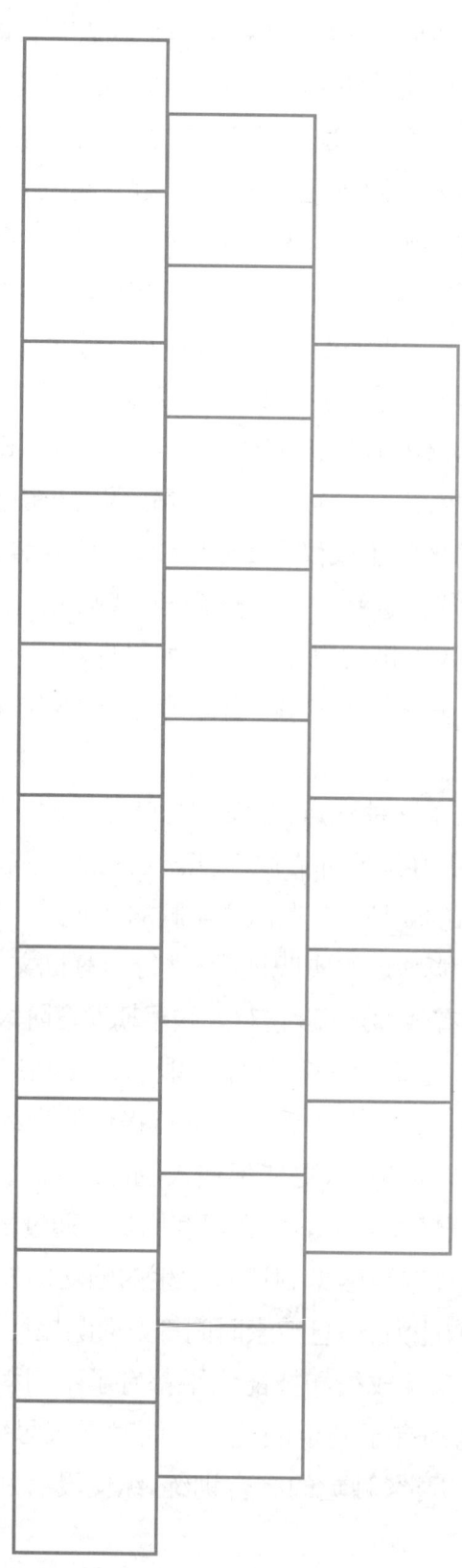

第二章 五笔字型汉字输入法

通过本章的学习，初识五笔规则。要顺利通过五笔入门的这一关，就必须高度重视书面作业——强记和默写"字根图"，其间要攻克两大难关：成字字根和识别码的记忆、练习。狠抓常用 1000 字的练习，对文字输入速度的提高至关重要。

五笔字型汉字编码采用字根拼形输入的方案,它只用130种字根,即可使成千上万的汉字像搭积木一样拼合而成。这种方法以其井然有序、易学好用、可拼合出全部汉字和词组等优点,在众多方案中独树一帜。无论多么复杂的汉字和词组,最多只需击4个键,即可输入电脑。每个字平均码长为2.6键,重码率低于万分之二,可以盲打。

　　经过指法训练的操作员,每分钟能输入120到160多个字,这使五笔字型成为我国最受欢迎的汉字输入技术。此项发明在国际上也有很大的影响:1984年王永民应邀到联合国表演时,高速的汉字输入使所有在场的人目瞪口呆,引起了轰动;1986年五笔字型输入法获美国专利,1987年获英国专利。目前,固化的五笔字型电脑产品已源源出口美国、新加坡、日本等国家和香港地区,颇受欢迎,成为举世公认的最先进的汉字输入技术。

2.1　五笔字型编码基础

　　计算机要在中国普及应用,就必须对汉字的结构规律进行深入的研究和分析,给计算机提供汉字的编码,解决汉字的输入问题,从而实现汉字信息的处理。

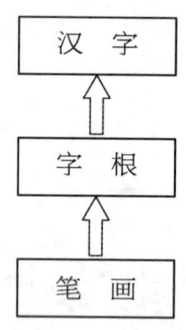

　　汉字可划分为三个层次,即笔画、字根、汉字。也就是说由若干笔画复合连接交叉形成相对不变的结构组成字根,再将字根按一定的位置关系拼合起来就构成了汉字。"五笔字型"方案的基本出发点之一是遵从人们的习惯书写顺序,以字根为基本单位组字编码、拼形输入汉字。

2.1.1　汉字的五种笔画

1. 汉字的五种笔画

　　根据五笔字型对笔画的定义,只考虑笔画的运笔方向,而忽略其轻重长短,则汉字中的各种笔画可以归纳为五种:横、竖、撇、捺、折,称为五种基本笔画,依次用1、2、3、4、5作为它们的代号,它们的笔画走向和相关规律是:

1	横（一）	左——→右
2	竖（丨）	上——→下
3	撇（丿）	右上——→左下
4	捺（丶）	左上——→右下
5	折（乙）	一切带转折的笔画

汉字的五种笔划

代号	笔划名称	笔划走向	笔划及其变形
1	横	左——→右	一 ／
2	竖	上——→下	丨 丿
3	撇	右上——→左下	／
4	捺	左上——→右下	丶 丶
5	折	带转折	乙 乁 乚 乚 乛

　　五笔字型规定,书写汉字时,一次写成的一个连续不断的线段是汉字的一个笔画。该规定与人们的习惯看法一致。笔画既可以是一条直的线段,如:"一"、"丨"等,也可以是弯折的,如:"乚"、"乙"等。

　　这里的"写"应符合以下规定:

★ 按楷书字形而非其他行书、草书体字形。

　　按国家标准字形。

　　按简化后的新字形而不是简化前的老字形。

★ 不能把一个连贯的笔画切断为两个笔画。如:"口"字的第二笔"┐",在书写过程中没有停顿,不能将它分为"一"和"丨"两个笔画。

★ 两笔写成的不是笔画,而是笔画结构,如:"十"、"ㄡ"等。

★ 提（㇀）不单独成类,归并到横类。

　　（现、场、特、扛、冲各字左部末笔都是提,视为横）

★ 竖钩（亅）被归并于竖类,而不是折类。

★ 点（丶）不单独成类,把它看成是短捺,归并到捺类。

（学、家、寸、心各字中的点，包括左点都为捺）

★一切带折笔画均为折。（凡是带转折的，除竖钩外，编码都是折）

基本笔画在五笔字型输入法中具有非常重要的意义，是学习五笔字型的第一步，必须深刻领会基本笔画的特征，做到对汉字中的所有笔画都能熟练地归并到五种基本笔画之一。既要记住"1、2、3、4、5，横、竖、撇、捺、折"，更要记住提、竖钩、点三种笔画的代号。

各类依字形检字的方法中，广泛使用偏旁部首的办法。就是把基本笔画组成的相对不变的结构划分出来，由它们拼合组成汉字。五笔字型方法中，把由基本笔画组成的这些相对不变的结构称为字根。平时常说"木子李，立早章"是说李字由"木"和"子"组成，章字由"立"和"早"组成。木、子、立、早都是五笔字型基本字根。也可以说，李字由字根"木"和"子"组成，章字由字根"立"和"早"组成。平时说的"弓长张"，是说张字由"弓"、"长"组成，"弓"字是五笔字型基本字根，但"长"不是五笔字型字根，在五笔字型方法中，"长"字还需要分解。

2. 笔画间的关系

五种笔画组成字根时，笔画间的关系可以分为以下 4 种情况：

（1）单。即五种笔画自身。

（2）散。组成字根的笔画之间有一定间距，如：三、八、氵等。

（3）连。组成字根的笔画之间是相连接的，如：厂、人、尸、弓等。

（4）交。组成字根之间的笔画是相交叉的，如：十、力、又、车等。

当然，还会有混合的情况，即一个字的各笔画间，有连又有交或散，例如，雨、禾等。掌握上述笔画间的关系，对非基本字根的拆分和"识别码"的取法是非常有用的。

2.1.2 汉字的 130 个基本字根

由笔画交叉连接而形成的相对不变结构现通称为偏旁、部首，在汉字编码中有称为字元的，有称为部件的，五笔字型中称为字根。这些相对不变结构的种类、数量、名称都不统一。从汉字输入编码应用角度考虑，这些结构数量要适当（太多难记忆，也难于在小键盘上安装，太少会增加码长或增加重码）。五笔字型方法中经过大量统计和反复试用最后优选了 130 个字根。

五笔字型字根图

万能键 Z

五笔字型字根助记词

G 王旁青头戋（兼）五一
F 土士二干十寸雨
D 大犬三（羊）古石厂
S 木丁西
A 工戈草头右框七

H 目具上止卜虎皮
J 日早两竖与虫依
K 口与川，字根稀
L 田甲方框四车力
M 山由贝，下框几

T 禾竹一撇双人立，反文条头共三一
R 白手看头三二斤
E 月彡（衫）乃用家衣底
W 人和八，三四里
Q 金勺缺点无尾鱼，犬旁留儿一点夕，氏无七（妻）

Y 言文方广在四一，高头一捺谁人去
U 立辛两点六门疒
I 水旁兴头小倒立
O 火业头，四点米
P 之宝盖，摘礻（示）衤（衣）

N 已半巳满不出己，左框折尸心和羽
B 子耳了也框向上
V 女刀九臼山朝西
C 又巴马，丢矢矣
X 慈母无心弓和匕，幼无力

五笔字型字根优选的原则是:组字能力强,而且在日常汉语文字中出现次数多(使用频度高)。这些字根可以按较为统一规则拼形组成汉字,或者说汉字可以按较统一规则拆分为基本字根的确定组合,不要产生多种可能拆分,造成二义。

130 个基本字根又按起笔的笔画分为 5 大区,每区内又分 5 个位,十位数为区号,个位数为位号,以 11~55 共计 25 个代码表示。这样就建立起"五笔字型"汉字编码方案的字根总表,只有这 130 种字根才有资格参加编码,其他任何形态的笔画结构,都要全部理解为是由这 130 种基本字根组成的。因此,这 130 种基本字根既是组字的依据,又是拆字的依据,是任何汉字及词汇编码的"基本构件"。这 130 种字根中又可分作键名字、笔形和基本字根三种,它们都统称为基本字根。

这 130 个基本字根都反映在字根总表中(在"打字高手"平台上的五笔教学各练习中按"F6"键均可查看)。

字根助记词:在"打字高手"软件的"五笔教学/字根练习"中,按"F6"键,再单击"横、竖、撇、捺、折"五个区的任一区,即可进行对各区字根的练习。

2.1.3 字根间的结构关系

基本字根可以拼合组成所有汉字。前面我们学过在组成汉字时,字根间的位置关系可以分为四种类型,即为单、散、连、交。下面我们来具体学习这四种类型的特点和使用技巧。

(1) 单。本身就单独成为汉字的字根,在 130 个基本字根中占很大比重,有八九十个。如:王、土、大、木、工等。

(2) 散。构成汉字不止一个字根,且字根间保持一定距离,不相连也不相交。如:汉字、笔型、培训。

(3) 连。五笔字型中字根间的相连关系并非通俗的相互连接之意。五笔字型中并不把以下字认为是字根相连得到的。

足　充　首　左　页　美　易　麦

五笔字型中字根间的相连关系特指以下两种情况:

① 单笔画与某基本字根相连。如:

自	丿连目	千	丿连十	且	月连一
尺	尸连、	不	一连小	主	、连王
产	立连丿	下	一连卜	人	丿连、

单笔画与基本字根间有明显间距者不认为相连。如:个、少、么、且、幻、旧、孔、乞、鱼。

② 带点结构,认为相连。这类字如:勺、术、太、主、义、斗、头。

这些字中的点与另外的基本字根并不一定相连,其间可连可不连,可稍远可稍近。在五笔字型中把上述①、②两种情况一律视为相连,即不承认它们之间是上下结合或左右结合。这种规定使字型的判定变得简化、明确。

(4) 交。指两个或多个字根交叉套叠构成的汉字。如:

夫	二交人	申	日交丨
里	日交土	果	日交木
必	心交丿	专	二交乙

2.1.4　汉字分解为字根的拆分原则

上节讨论字根以哪些方式拼合交连而成汉字,这里说汉字如何分为字根。

上面所说的单的情况,汉字本身就是一个基本字根,因而也就无需再拆分,这类字的五笔字型编码有单独规定。

上面所说的散的情况,由于字根之间疏离分立,所以也就容易拆分。这种情况也不再赘述。

拆分问题主要集中于解决连、交及混合型的情况。具体拆分中要注意掌握下面口诀中给出的四个要点:

取大优先,兼顾直观,能连不交,能散不连

见以下拆分实例:

夷:一 弓 人　无:二 儿　天:一 大

取大优先也叫能大不小。在可能拆分中以拆分出字根数量少的那种为优先。要实现字根数少,字根应尽可能大。尽可能大,指再加一笔不能构成已知字根来判断。见下面实例:

正确:果——日木

错误:果——旦小("旦"非基本字根)

相连关系,按上面三种规定,只是单笔画与基本字根之间的关系才视为连。这类字也就直接拆分单笔和基本字根两者的组合。

拆分中还应注意,一个笔画不能割断用在两个字根中。如"果"字,正确拆分为日木,而非田木。

故口诀不妨再加四句,改为:

单勿需拆,散拆简单,难在交连,笔画勿断

能散不连,兼顾直观,能连不交,取大优先

2.1.5 汉字的三种字型结构

在成千上万的方块汉字中,可分为三种类型:左右型、上下型、杂合型(也叫混合型)。三种字型的划分是基于对汉字整体轮廓的认识,指的是整个汉字中字根之间排列的相互位置关系,搞清这一点,对于确定多字根的汉字的类型是十分重要的。

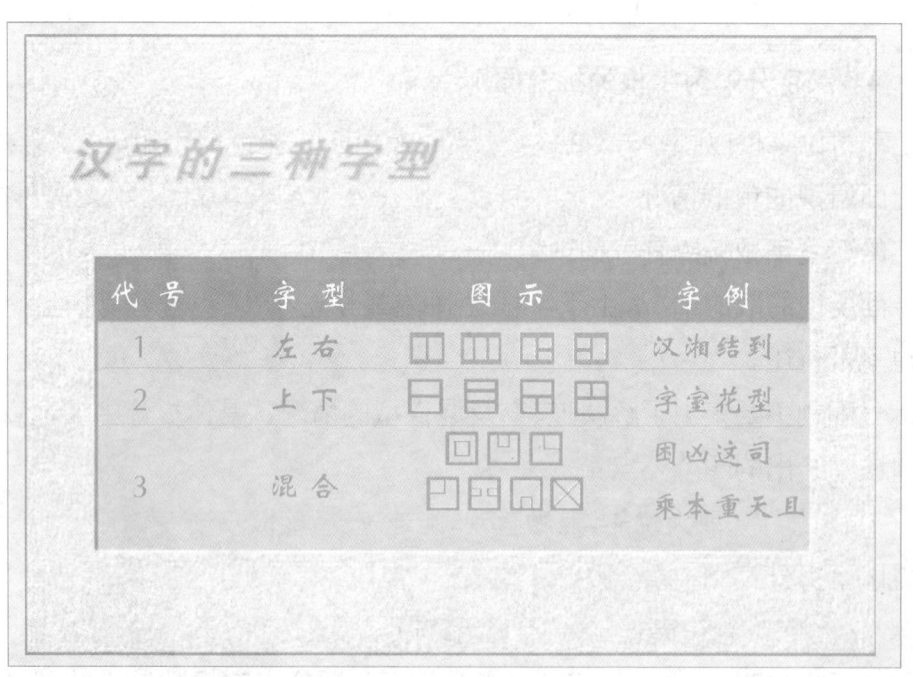

1. 左右型汉字

在左右型汉字中,包括两种情况:

(1) 在双合字中,两个部分分列左右,整个汉字中有着明显的界线,如:肚、胡、理、胆、咽、拥、枫等。

咽和枫的右边也由两个字根构成,虽然这两个字根之间是内外型关系,但整个汉字却属于左右字型。

(2) 三合字中,整个字的三个部分从左到右并列,或者单独占据一边的一部分与另外的两个部分呈左右排列,如:侧、别、谈等,都应属于左右型。

2. 上下型汉字

上下型汉字也包括两种情况:

(1) 双合字中,两个部分分列上下,其间有一定距离,如:字、节、看等。

(2) 三合字中,三个部分上下排列,或者单占一层的部分与另外两部分作上下排列,如:意、想、花等。

3. 杂合型——内外型汉字和单体型汉字

杂合型指组合成整字的各部分之间没有简单明确的左右上下型关系,如:团、同、这、半、头等。

汉字的字型特征,是每一个有文化的中国人从小学起就熟知的。在输入时,可以用它作为识别汉字的一个重要的依据。如:"口"、"八"上下排列为"只",左右排列即为"叭"等。因此,我们还可以把三种字型叫做字根的三种排列方式。在我们向计算机中输入汉字时,除了键入组成汉字的字根外,有时还有必要告诉机器那些键入的字根是以什么方式排列的,即补充键入一个字型信息。

各型的划分中,还有以下约定:

凡属字根相连(指单笔与字根相连或带点结构)一律视为三型,即杂合型。

凡键面字(本身是单个基本字根),有单独编码方法,不必利用字型信息。

对属于散、交两类字根的结合关系,要区分字型。

2.2　五笔字型键盘设计及使用

由于五笔字型汉字编码方案将所有组成汉字的部件定为 130 个基本字根,所以就必须精心安排这 130 个字根在键盘上的分布。因为键盘安排的优劣,很大程度地影响着汉字输入的速度、效率,也影响着输入方法的易学易用性。

2.2.1　五笔字型字根的键盘布局

五笔字型的130个字根，按起笔笔画分5类，每类占键盘上相连的一片，因而这类编号又称为区号。每区号占5个键位，键位的编号称为位号。这些都反映在字根总表中，按这个表得到键盘字根总表图。

每个键上取一个字根作键名，其名谱如下：

一区：横起笔，王土大木工；

二区：竖起笔，目日口田山；

三区：撇起笔，禾白月人金；

四区：捺起笔，言立水火之；

五区：折起笔，已子女又纟。

2.2.2　键位安排中一些辅助记忆的特点

设计中力求有规律、不杂乱，尽量使同一键上的字根在形音义方面能产生所需的联想，这有助于记忆，便于迅速掌握。可以列出以下规律：

（1）字根首笔笔画代号和所在区号一致。

（2）相当一部分字根其第二笔笔画号与位号一致，如：王、文。

（3）部分字根的笔画数与位号一致，如："丶"、"冫"、"氵"、"灬"分别在1、2、3、4位，字根"一"、"二"、"三"分别在1、2、3位。

（4）部分字根与键名字根形态相近，例如：

键名	形似字根
王	五
土	士、干
大	犬
田	四
山	由
禾	夂
月	用
之	辶
水	小
已	彐、尸

（5）位号从中间向两侧由小到大规则变化。在五笔字型键盘字根总表中逐个键位给出助记解说，利用这些助记特性和口诀，帮助记忆各字根的键位。记忆终究是要靠自己用脑，别人无法代替，自己不妨仔细观察、分析一下字根总表和键盘图，寻找并记住有助记忆的各类特征。

2.2.3 键盘设计的几个一般原则

机械打字机产生在 1867 年，经过一百多年的打字实践及实验观察，人们总结出为提高打字效率，键盘布局应注意的一些原则：

（1）左、右手交替打字。这样会有更高的打字速度，也有助于减少手的疲劳。为做到这一点，要把经常连续出现的那类键分左右两边放置，避免单手连续工作。据统计，横竖经常交替出现，点后经常是横而较少是竖。因此，在键位安排中，横区在左，竖区和点区在右。

（2）各手指负担合理。据实验和经验可知，十个手指打字中的灵活程度、反映能力、击键力量是不同的。按优劣排序的话，顺次为食指、中指、无名指、小指和拇指。正规打字中各键都"承包到指"，键位安排中要把高频键"包给"食指，罕用键"包给"小指和拇指。就是按使用频度分派。

（3）高频键占好键位。平时打字时，手指常固定在中排位置，两个食指各分管 6 个键，中指各分管 3 个键，这些键位是好键位或较好键位。高频键应尽先安排在这些键位。

（4）减少换挡及复合键操作。英文打字中大写要用上挡键选择，影响打字速度。五笔字型中尽管一个键分配了 2～6 个基本字根，但不必换挡，而是利用编码规则自动组字，这样增加了一些编码查字软件的复杂性，但给提高键入速度创造了条件。

上述各原则的实施，都是建立在大量实际键入资料的统计之上的。

2.3 五笔字型单字输入编码规则

2.3.1 编码流程

单字的五笔字型输入编码有歌诀如下：

五笔字型均直观,依照笔顺把码编

键名汉字打四下,基本字根请照搬

一二三末取四码,顺序拆分大优先

不足四码要注意,交叉识别补后边

歌诀中包括了以下原则:

(1) 取码顺序依照从左到右、从上到下、从外到内的书写顺序(见"依照笔顺把码编"句)。

(2) 要输入键名汉字,将所在键连击四下(见"键名汉字打四下"句)。

(3) 字根数大于4时,按一、二、三、末字根顺序取四码(见"一二三末取四码"句)。

(4) 不足4个字根时,打完字根识别码后,补交叉识别码于尾部。此种情况下,码长为3或4(见歌诀末行)。

歌诀中"基本字根请照搬"句和"顺序拆分大优先"是拆分原则。就是说在拆分中以基本字根为单位,并且在拆分时"取大优先",尽可能先拆出笔画最多的字根。或者说拆分出的字根数要尽量少。

五笔字型汉字编码流程如图所示:

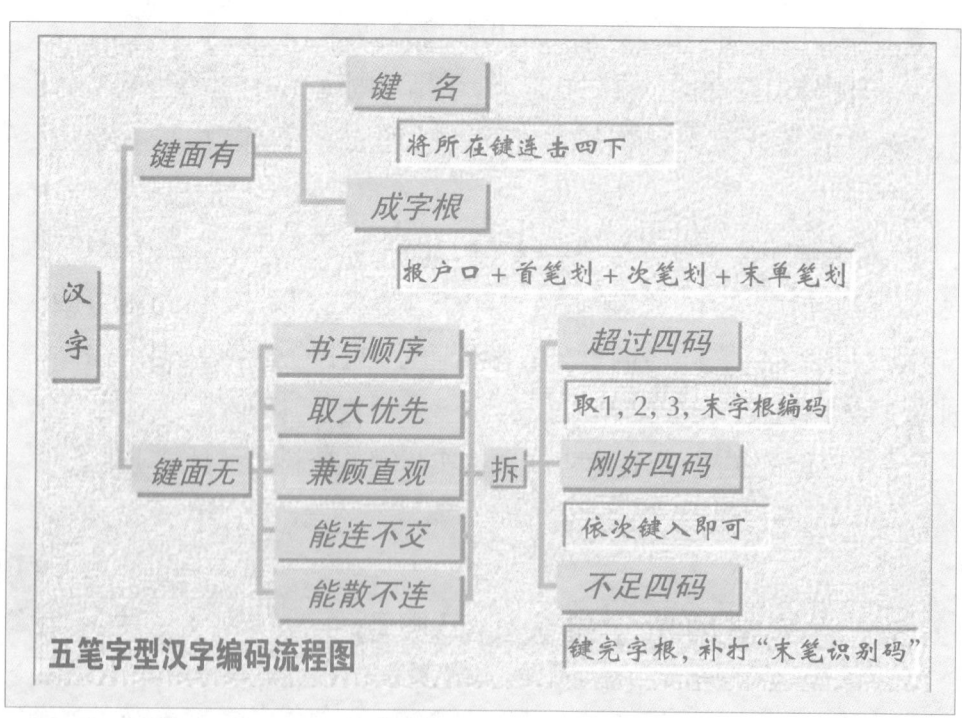

五笔字型汉字编码流程图

五笔字型将单字主要分为三类:键名字、成字根及键外字。

三类汉字的五笔编码各不相同,输入时要注意。

2.3.2 键名汉字的编码

有 25 个键名汉字,即:

王 土 大 木 工

目 日 口 田 山

禾 白 月 人 金

言 立 水 火 之

已 子 女 又 纟

这 25 个字每字占一键,它们的编码是把所在键的字母连击 4 次,输入它们时需连击所在键 4 下,即:

"王"字编码为 G G G G,输入时需连击 G 4 下。

"目"字编码为 H H H H,输入时需连击 H 4 下等等。

之所以这样规定,是因为已把这些单键分给 25 个高频字,对 25 个高频字击一下便可输入一个汉字,而键名只好"委屈"些和其他字统一使用四码。25 个高频字的输入见一级简码。

2.3.3 成字字根汉字的编码

在 130 个基本字根中,除 25 个键名字根外,还有几十个本身也是汉字,它们被称为"成字字根"。键名和成字字根合称键面字。成字字根的编码公式为:

报户口+首笔码+次笔码+末笔码

键名码即所在键字母,击此键又称报户口。当成字字根仅为两笔时,只有三码,公式为:

报户口+首笔码+末笔码+空格

首单笔码、次单笔码和末单笔码,不是按字根取码,而是按单笔画取码,横竖撇捺折五种单笔的单笔画取码即各类第一字母,对应关系如下:

单笔画种类:横、竖、撇、捺、折

单笔画码: G、H、T、Y、N

例如"雨"字,先打"F"键(打"雨"字所在的键——F),然后再打"一"、"丨"、"、"三个单笔画所在的键(G、H、Y),所以"雨"字的编码就为"FGHY"。

在这里,提请注意,只有成字字根要拆成单笔画。举例:

"士"字,报户口为 F,拆分为"一"、"丨"、"一",编码为 FGHG。

"文"字,报户口为 Y,拆分为"丶"、"一"、"丶",编码为 YYGY。

"五"字,报户口为 G,拆分为"一"、"丨"、"一",编码为 GGHG。

"手"字,报户口为 R,拆分为"丿"、"一"、"丨",编码为 RTGH。

"九"字,报户口为 V,拆分为"丿"、"乙"、空格,编码为 VTN。

"刀"字,报户口为 V,拆分为"乙"、"丿"、空格,编码为 VNT。

单笔画横和汉字数码"一"及汉字"乙"(单笔画折的代表)都是只有一笔的成字字根。用上述公式不能概括,而单笔画有时也需单独使用,特别规定五个笔画的编码如下:

一:GGLL

丨:HHLL

丿:TTLL

丶:YYLL

乙:NNLL

编码的前两位可视为和前述公式统一,第一为户口码或键名码,第二为首笔画码,因无其他笔画补打两次 L 键。

2.3.4 末笔画字型交叉识别码

对于不足 4 个字根的键外字,五笔字型输入法为了减少重码而加的识别代码称为末笔字型交叉识别码,简称识别码。依次击入字根后,最后补一个识别码,识别码用末笔画的类型编号和字型编号组成。具体地说,识别代码为两位数字,第一位(十位)是末笔画类型编号(横 1、竖 2、撇 3、捺 4、折 5),第二位(个位)是字型代码(左右型 1、上下型 2、杂合型 3)。把识别代码看成为一个键的区位码,这就会得到交叉识别(字母)码,码表如下:

识别码字型代码 末笔代码	左右型 1		上下型 2		杂合型 3	
横	11	G	12	F	13	D
竖	21	H	22	J	23	K
撇	31	T	32	R	33	E
捺	41	Y	42	U	43	I
折	51	N	52	B	53	V

计算机文字录入

加识别码后仍不足四码时,击空格键。

单笔与字根相连的字型为杂合型。

加识别码的目的是为了减少重码,加快选字。例如,在不用识别码时,程、足、回三个汉字在输入完它们的编码后均出现了重码,需要"翻页"寻找后,才能选择确定;而加了识别码后,它们就会自动和其他字区分开来。

程——编码原应为 TKG,但输入后却出现了不少重码,需要"翻页"寻找后,才能选择确定。现根据五笔字型"识别码"的原则,其末笔代号为 1(横)、字型代号为 1(左右型),即其识别码应为 11(G),那么"程"字的编码用 TKGG。详见下图:

左右型

最后一笔为横

〖编码〗tkgg 〖拼音〗cheng

足——编码原应为 KH,但输入后出现重码,需要"翻页"寻找后,才能选择确定。现根据五笔字型"识别码"的原则,其末笔代号为 4(捺)、字型代号为 2(上下型),即其识别码应为 42(U),那么"程"字的编码用 KHU。详见下图:

上下型

最后一笔为捺

〖编码〗khu 〖拼音〗zu

回——编码原应为 LK,但输入后出现重码,需要"翻页"寻找后,才能选择确定。现根据五笔字型"识别码"的原则,其末笔代号为 1(横)、字型代号为 3(杂合型),即其识别码应为 13(D),那么"程"字的编码用 LK D。详见下图:

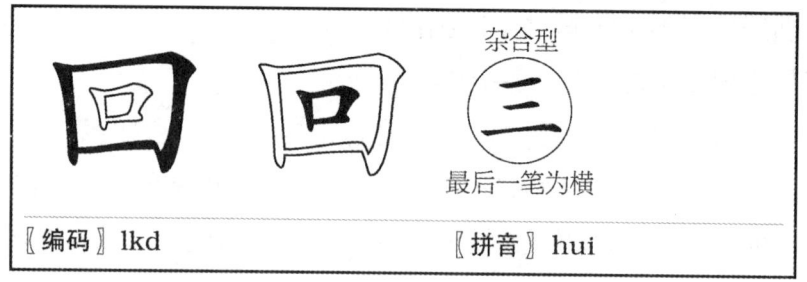

回 回 三

杂合型

最后一笔为横

〖编码〗lkd　　　〖拼音〗hui

关于末笔画有如下规定，这规定可使取码简单、明确：

(1) 末字根为"力、刀、九、七"等时，一律认为末笔画为折。

(2) 进、逞、远等字，不以"走之"的末笔为末笔(书写时确实是末笔，但这样末笔都一样，减少了识别信息量)，约定以去掉"走之"部分后的末笔为整个字的末笔来构造识别码。进、逞、远的识别码为：23K、13D、53V。

(3) 我、成等字的末笔取撇。

关于字型有如下约定：

(1) 凡单笔画与字根相连者或带点结构都视为杂合型。

(2) 字型区分时，也用"能散不连"的原则。"卡"、"严"都视为上下型。

(3) 内外型字属杂合型，如：困、匝。但"见"为上下型。

(4) 含两字根且相交者为杂合型，如：东、串、电、本、无。

(5) 以下含"走之底"的字为杂合型，如：进、逞。

(6) 以下各字为杂合型：司、床、厅、尼、式、后、反、办、皮，但相似的，如：左、右、有、看、者、布、友等可视为上下型。

2.4　简码输入

上节所介绍的汉字的字母码，码长一律为 4(字根数大于等于 4 的用 4 个字母码；字根数为 3 的补一个识别码也可为 4 个字母码；字根数为 2 的补一个识别码，再补一个空格键仍是四键；键面字也一律用四码)，为了简化输入，减少码长，设计了简码输入法。简码分一、二、三级，分别只需击一、二、三字母键再击一空格键来输入简码汉字。一级简码字 25 个；二级简码字 $25 \times 25 = 625$ 个；三级简码字最多 $25 \times 25 \times 25 = 15625$ 个，实际上安排了约 4400 多个，简码字总数约为 5000 个。

在五笔字型方案中,由于具有各级简码的汉字总数已有 5000 多个,它们占了常用汉字中的绝大多数,因此使得编码输入变得非常简明直观,如能熟练应用,可以大大提高输入效率。

有的字同时有几种简码,比如"经"字,就有高频字码、二级简码、三级简码及全码等 4 种输入编码。

2.4.1 一级简码

一级简码,即高频字码。五笔字型中,从 11～55 共 25 个键位代码,根据每键位上的字根形态特征,每键安排一个最为常用的高频汉字,这类字只要击键一次,再加击一次空格键,即可输入。

这些高频字及编码如下:

一(G)	地(F)	在(D)	要(S)	工(A)
上(H)	是(J)	中(K)	国(L)	同(M)
和(T)	的(R)	有(E)	人(W)	我(Q)
主(Y)	产(U)	不(I)	为(O)	这(P)
民(N)	了(B)	发(V)	以(C)	经(X)

学习五笔字型的初期,一定要下功夫熟背熟记一级简码,达到能下意识地反应出是不是一级简码及在哪个键位上。由于这些一级简码一键一字,比较容易理解和记忆,不少初学者往往不太重视,看了几遍以后就认为会了,不肯下功夫反复记忆和背诵。结果在录入文章时倒被这比较容易的一环拖了后腿。

建议用这些字组合成有一定意义的词组和短语进行背诵。"我人有的和"、"主产不为这"、"工要在地一"、"上是中国同"、"经以发了民";"中国人民"、"产地"、"工地"、"这是"、"是和不是"、"以为"、"我的"、"主要"、"发了"、"我和工人同在一地"、"有人要上工地";以及短文游戏,如:"经发同和我以为,在人民中国这一主要工地上,有的是产不了"。(注:这里把"经发同"设想成一个人的名字)

另外,还可以在阅读报纸上的某篇文章时,用红笔迅速地把文字有关的简码划出来,然后逐一校对检查。反复多次,以求达到能"下意识"地用一级简码来输入。

2.4.2 二级简码

二级简码字的简码和其全码的前两位相同,即只用前两个字根编码,具有二级简码的汉字有:

```
        G F D S A   H J K L M   T R E W Q   Y U I O P   N B V C X

    G   五于天末开   下理事画现   玫珠表珍列   玉平不来     与屯妻到互
    F   二寺城霜载   直进吉协南   才垢圾夫无   坟增示赤过   志地雪支
    D   三夺大厅左   丰百右历面   帮原胡春克   太磁砂灰达   成顾肆友龙
    S   本村枯林械   相查可楞机   格析极检构   术样档杰棕   杨李要权楷
    A   七革基苛式   牙划或功贡   攻匠菜共区   芳燕东 芝    世节切芭药
    H   睛睦 盯虎     止旧占卤贞   睡 肯具餐     眩瞳步眯瞎   卢 眼皮此
    J   量时晨果虹   早昌蝇曙遇   昨蝗明蛤晚   景暗晃显晕   电最归紧昆
    K   呈叶顺呆呀   中虽吕另员   呼听吸只史   嘛啼吵 喧    叫啊哪吧哟
    L   车轩因困     四辊加男轴   力斩胃办罗   罚较 边      思 轨轻累
    M   同财央朵曲   由则 崭册     几贩骨内风   凡赠峭 迪    岂邮 凤
    T   生行知条长   处得各力向   笔物秀答称   入科秒秋管   秘季委么第
    R   后持拓打找   年提扣押抽   手折扔失换   扩拉朱搂近   所报扫反批
    E   且肝   肛     胆肿肋肌     用遥朋脸胸   及胶腔 爱    甩服妥肥脂
    W   全会估休代   个介保佃仙   作伯仍从你   信们偿伙     亿他分公化
    Q   钱针然钉氏   外旬名锣负   儿铁角欠多   久匀乐炙锭   包凶争色
    Y   主计庆订度   让刘训为高   放诉衣认义   方说就变这   记离良充率
    U   闰半关亲并   站间部曾商   产瓣前闪交   六立冰普帝   决闻妆冯北
    I   汪法尖洒江   小浊澡渐没   少泊肖兴光   注洋水淡学   沁池当汉涨
    O   业灶类灯煤   粘烛炽烟灿   烽煌粗粉炮   米料炒炎迷   断籽娄烃
    P   定守害宁宽   寂审宫军宙   客宾家空宛   社实宵灾之   官字安 它
    N   怀导居 民     收慢避惭届   必怕 愉懈     心习悄屡忱   忆敢恨怪尼
    B   卫际承阿陈   耻阳职阵出   降孤阴队隐   防联孙耿辽   也子限取陛
    V   姨寻姑杂毁   旭如舅       九 奶 婚       妨嫌录灵巡   刀好妇妈姆
    C   对参 戏       台劝观       矣牟能难允   驻 驼        马邓艰双
    X   线结顷 红     引旨强细纲   张绵级给约   纺弱纱继综   纪驰绿经比
```

2.4.3　三级简码

三级简码字字数多,输入三级简码字也需击4键(含一个空格键),3个简码字母与全码的前三者相同,但用空格代替了末字根或识别码。

三级简码看上去击键次数虽仍为4键,没有减少总的击键次数,但由于省略了前3个字根之后的字根判定或者交叉识别码的判定,因而可达到提高编码速度,进而加快输入的目的。

2.4.4　词语输入

在汉字输入方案中,以词语为单位的输入方法常可达到减少码长、提高效率的目的。在五笔字型输入方法中也设计了词语的输入方法,并给出开放式结构,以利于用户根据自己专业需要自行组织词库。五笔字型词语输入还有一个特点,即词语输入和单字输入统一,不加字或词的输入标记,也无需换挡。这是由于词语的编码也是四码。全部四码空间的大小为 $25 \times 25 \times 25 \times 25 = 390625$ (约39万),而一二级汉字单字编码共占1.2万左右,大量编码空间空闲。词汇码绝大部分插入空闲区,也就是说:单字码与词汇码有着很不相同的分布规律,两者混在一起不用换挡,绝大多数情况下是不会发生冲突的。单字与词汇编码可以共存共容互不影响。词汇码的输入和单字码的输入可混合进行。记得住的就打词汇以求其快,记不清的仍打单字以求其准,两者之间不需要任何的换挡操作。这种设计在实际使用中,给操作人员带来了极大的方便。

1. 二字词

二字词的词语由所含的两个汉字各取两个字根码组成,即每字按笔顺取前两个字根为编码(1 2、1 2)。如:

机器:木 几 口 口　S M K K

汉字:氵 又 宀 子　I C P B

计算:讠 十 竹 目　Y F T H

时间:日 寸 门 日　J F U J

2. 三字词

三字词前两汉字各取第一码,最后一字取前两码(1、1、1 2)。如:

计算机:讠 竹 木 几　Y T S M

电视机:日 礻 木 几　J P S M

操作员：扌亻口贝　R W K M

组织部：纟纟立口　X X U K

3. 四字词

四字词的词语由每个汉字的第一码组成词语的输入码(1、1、1、1)。如：

家用电器：宀用日口　P E J K

奥林匹克：丿木匚古　T S A D

五笔字型：一竹宀一　G T P G

程序设计：禾广讠讠　T Y Y Y

4. 多字词

超过四个字的词,前三个字各取第一个字根码,第四码由最末一个汉字的首码组成。换句话说:是由一二三和末四个字的第一字根构成的(前三末一)。如：

中华人民共和国：口亻人口　K W W L

中共中央总书记：口廿口讠　K A K Y

2.4.5　部分偏旁部首的区位码及五笔字型码

偏旁	区位码	五笔码	偏旁	区位码	五笔码
宁	5601	F H K	开	5602	G J K
兀	5604	G Q V	丨	5614	H H L L
丿	5615	T T L L	毛	5617	T A V
丶	5628	Y Y L L	兀	5644	F J J
匚	5646	A G N	刂	5654	J H H
冂	5671	M H N	亻	5674	W T H
勹	5772	Q T N	亠	5779	Y Y G
冫	5791	U Y G	宀	5802	P Y N
讠	5805	Y Y N	阝	5864	B N H
阝	5866	B N H	夂	5940	P N Y
凵	5941	B N H	厶	5944	C N Y
艹	6019	A G H H	廾	6245	A G T H

尢	6244	DNV	扌	6248	RGHG
弋	6414	AGNY	囗	6477	LNHG
彳	6560	TTTH	彡	6574	ETTT
犭	6575	QTE	夂	6626	TTNY
勹	6627	QNB	忄	6664	NYHY
丬	6760	UYGH	爿	6761	NHDE
冫	6764	IYYG	宀	6918	PYYN
辶	6944	PYNN	彐	6970	VNGG
巾	6988	BHK	纟	7089	XXXX
巛	7161	VNNN	攵	7522	TTGY
灬	7665	OYYY	衤	7674	PYI
聿	7717	VHK	钅	7846	QTGN
广	8058	UYGG	礻	8144	PUI
疋	8166	NHI	虍	8214	HAV
糸	8474	XIU	幺	7159	XNNY
攴	7424	HCU	殳	7615	MCV
豸	8584	EER	彡	8752	DET

2.5　常用1000字和分类记忆

2.5.1　常用1000字

按照国家计算机信息技术标准委员会和国家语委的规定(GB 2312 - 80)，国家通讯用汉字字符集收录的汉字共计6762个(国家一级、二级字库)。然而有人作过统计，在人们说话、写文章中最常用的仅占其中1/6还不到，为1000字左右，也就是说：就是这1000多个字的各种不同的组合及叠加组成了当今汉字世界绚丽多彩的文章。例如，《邓小平文选》只用了1000字都不到的常用字，而《毛泽东选集》也只用了2000字。由此可见，要提高你的打字速度，首先要把这常用

1000 字练熟，因为它们在文章中出现的频度实在是太高了。

以下为笔者收集的常用 1000 字，供参考。

的一是在了不和有大这主中人上为们地个用工时要动国产以我到他会作来分生对于学下级义就年阶发成部民可出能方进同行面说种过命度革而多子后自社加小机也经力线本电高量长党得实家定深法表着水理化争现所二起政三好十

战无农使性前等反体合斗路图把结第里正新开论之物从当两些还天资事对批如应形想制心样干都向变关点育重其思与间内去应件日利相由压员气业代全组数果期导平各基月毛然问比或展那它最及外没看治提五解系林者米群头意只

明四道马认次文通但条较克又公孔领军流入接席位情运器并习原油放立题质指建区验活众很教决特此常石强极土少已根共直团统式转别造切九你取西持总料连任志观调么七山程百报更见必真保热委手改管处巳将修支识病象先老光

专几什六型具示复安带每东增则完风回南广劳轮科北打积车计给节做务被整联步类集号列温中即毫轴知研单色坚据速防史拉世射达尔场织历花受求传口断况采精金界品判参层止边清至万确究书低术状厂需离再目海交权且儿青才证

越际八试规斯近注办布门铁需走议县兵虫固除般引齿千胜细影济白格效置推空配刀叶率今选养德话查差半敌始片施响收华觉备名红续均药标记难存测士身紧液派准斤角降维板许破述技消底床田势端感往神便圆村构照容非搞亚磨族

火段算适讲按值美态黄易彪服早班麦削信排台声该击素张密害候草何树肥继右属市严径螺检左页抗苏显苦英快称坏移约巴材省黑武培著河帝仅针怎植京助升王眼她抓含苗副杂普谈围食射源例致酸旧却充足短划剂宣环落首尺波承粉

践府考刻靠够满夫失住枝局菌杆周护岩师举曲春元超负砂封换太模贫减阳包江扬析亩木言球朝医校古呢稻宁听唯输滑站另卫字鼓刚写刘微略范供阿块某功套友限项余倒卷创律雨让骨远帮初皮播优占促死毒圈伟季训控激找叫云互跟

裂粮母练塞钢顶策双留误粒础吸阻故寸晚丝女焊攻株亲院冷彻弹错散尼盾商视艺灭版烈零室轻血倍缺厘泵察绝富城喷简否柱李望盘磁雄似困巩益洲脱投送奴侧润盖挥距触星松获独官混纪座依未突架宽冬兴章湿偏纹执矿寨责阀熟冲

吃稳夺硬价努翻奇甲预职评读背协损棉侵灰虽矛罗厚泥辟告卵箱掌氧恩爱停曾溶营终纲孟钱待尽俄缩沙退陈讨奋械胞幼哪剥迫旋征槽殖握担仍呀载鲜吧卡粗介钻逐弱脚怕盐末阴丰编印蜂急扩伤飞域露核缘游振操央伍甚迅辉异序免

纸夜乡久隶缸夹念兰映沟乙吗儒杀汽磷艰晶插埃燃欢铁补咱芽永瓦倾阵碳演威附牙斜灌欧献顺猪洋腐请透司危括脉若尾束壮暴企莱穗楚汉愈绿拖牛份染既秋遍锻玉夏疗尖井费州访吹荣铜沿替滚客召旱悟刺脑措贯藏令隙

2.5.2 分类记忆

下面,我们来讨论一下怎样练习常用 1000 字。

在五笔字型中,输入最方便的就是一级简码和二级简码,它们只要 1 键 1 个空格,以及前两码加空格即可。用简码输入,可以大大提高文字的录入速度。一级简码共有 25 个,二级简码理论上是 625 个,实际为 587 个,这两者已占常用汉字的 61.2%;再加上键名汉字 25 个,成字字根 64 个,总数为 701 个,即占常用汉字 1000 个的 70%。

如果再加上词组的输入,对初学者已经足够使用。

在这 701 个汉字中,一级、二级简码是 612 个,占其中 87.3%。在学习过程中,初学者并不是不会打这 612 个字(它们的输入方法是最简单的)。历来,众多的练习软件均是用一级、二级简码分项目来进行练习的,当同学在进行这些单项练习的时候,成绩往往不错,但一旦字到了文章里面,就如入云雾之中,输入速度就是上不去。所以,怎样在"字里行间"**辨认**出一级、二级简码,并用简码的方法来录入,通过训练形成**条件反射**,这才是问题的**重点**和**关键**所在!

为此,我们必须解决这 612 个字的记忆问题。其中的 25 个一级简码的记忆较为简单,剩下的就是 587 个二级简码。在认真研究五笔字型二级简码表的时候,人们发觉它实在是一部"天书",即"五于天末开,下理事画现,玫珠表珍列,玉平不来……"叫人怎么背、记都是很头痛的事。其实在它们之间是可以理出一条可供人们便于记忆的"主线"的。为此,下面参考整理了一份"五笔字型二级简码分类记忆"的补充材料,供大家练习。

五笔字型二级简码分类记忆表

学习和学科

学(IP)	习(NU)	学(IP)	科(TU)	生(TG)	物(TR)
学(IP)	业(OG)	学(IP)	生(TG)	作(WT)	业(OG)
历(DL)	史(KQ)	地(FB)	理(GJ)	物(TR)	理(GJ)
化(WX)	学(IP)	三(DG)	角(QE)		

称呼

称(TQ)	呼(KT)	你(WQ)	我(Q)	他(WB)	们(WU)
工(A)	商(UM)	学(IP)	军(PL)		

注意:没有"农"和"兵"

方向

方(YY)	向(TM)	东(AI)	南(FM)	北(UX)	中(KH)
上(H)	下(GH)	左(DA)	右(DK)	前(UE)	后(RG)
内(MW)	外(QH)				

衣食住行

衣(YE)	服(EB)	针(QF)	线(XG)	水(II)	果(JS)
大(DD)	米(OY)	面(DM)	粉(OW)	工(A)	具(HW)
餐(HQ)	菜(AE)	烟(OL)	笔(TT)	本(SG)	车(LG)
灯(OS)					

人体

皮(HC)	手(RT)	脸(EW)	面(DM)	肝(EF)	胆(EJ)
胃(LE)	胸(EQ)	膛(EI)	怀(NG)	牙(AH)	心(NY)
眼(HV)	睛(HG)	瞳(HU)	骨(ME)	肋(EL)	肛(EA)

同义和反义字

大(DD)	小(IH)	强(XK)	弱(XU)	粗(OE)	细(XL)
天(GD)	地(FB)	多(QQ)	少(IT)	出(BM)	入(TY)
收(NH)	支(FC)	长(TA)	久(QY)	呆(KS)	灵(VO)
站(UH)	立(UU)	睡(HT)	下(GH)	关(UD)	开(GA)

计算机文字录入

进(FJ) 出(BM) 爱(EP) 恨(NV) 阴(BE) 阳(BJ)

放(YT) 取(BC) 给(XW) 直(FH) 折(RR) 曲(MA)

和(T) 与(GN) 及(EY)

家庭

结(XF) 婚(VQ) 离(YB) 婚(VQ) 成(DN) 家(PE)

夫(FW) 妻(GV) 儿(QT) 子(BB) 孙(BI) 子(BB)

男(LL) 舅(VL) 姑(VD) 姨(VG) 妈(VC) 奶(VE)

伯(WR)

数量词及序第词

一(G) 二(FG) 三(DG) 四(LH) 五(GG) 六(UY)

七(AG) 九(VT) 百(DJ)

这 9 个字不是一级简码,就是二级简码。"第"字(TX)又是二级简码,所以第一、第二、第三、第四、第五、第六、第七、第九等序数词都可以用二级简码输入。

颜色

色(QC) 红(XA) 赤(FO) 朱(RI) 绿(XV) 棕(SP)

姓氏

安(PV) 包(QN) 边(LP) 步(HI) 查(SJ) 车(LG)

成(DN) 代(WA) 邓(CB) 方(YY) 丰(DH) 冯(UC)

高(YM) 耿(BO) 宫(PK) 顾(DB) 官(PN) 管(TP)

归(JV) 果(JS) 胡(DE) 怀(NG) 吉(FK) 季(TB)

纪(XN) 江(IA) 节(AB) 经(XC) 景(JY) 乐(QI)

李(SB) 历(DL) 力(LT) 林(SS) 刘(YJ) 龙(DX)

娄(OV) 卢(HN) 吕(KK) 罗(LQ) 马(CN) 米(OY)

南(FM) 年(RH) 宁(PS) 皮(HC) 钱(QG) 强(XK)

区(AQ) 曲(MA) 权(SC) 全(WG) 闰(UG) 商(UM)

时(JF) 史(KQ) 水(II) 孙(BI) 铁(QR) 汪(IG)

卫(BG) 闻(UB) 习(NU) 向(TM) 肖(IE) 信(WY)

燕(AU) 杨(SN) 阳(BJ) 叶(KF) 阴(BE) 由(MH)

于(GF) 原(DR) 载(FA) 曾(UL) 支(FC) 朱(RI)

左(DA)

一、二级简码中有七、八十个姓氏用字,因为姓氏是输入中经常碰到而又不便于用词组输入的,所以最好把自己周围人的姓和名一个一个地查一遍,看看有多少是一、二级简码。

动植物

虎(HA)	马(CN)	龙(DX)	驼(CP)	蝗(JR)	蛤(JW)
燕(AU)	叶(KF)	籽(OB)	果(JS)		

常用语

因(LD)	为(YL)	所(RN)	以(C)	这(YP)	样(SU)
工(A)	作(WT)	学(IP)	习(NU)	仍(WE)	然(QD)
并(UA)	且(EG)	或(AK)			

时间与天气

时(JF)	间(UJ)	早(JH)	晨(JD)	晚(JQ)	上(H)
世(AN)	纪(XN)	小(IH)	时(JF)	年(RH)	天(GD)
春(DW)	秋(TO)	旬(QJ)	分(WV)	秒(TI)	冰(UI)
霜(FS)					

语气词

呀(KA)	嘛(KY)	吧(KC)	啊(KB)	哟(KX)

动作

听(KR)	吵(KI)	睡(HT)	提(RJ)	寻(VF)	找(RA)
打(RS)	给(XW)	啼(KU)	呼(KT)		

地名

安(PV)	阳(BJ)	百(DJ)	色(QC)	长(TA)	江(IA)
辽(BP)	宁(PS)	大(DD)	同(M)	汉(IC)	城(FD)
汉(IC)	阳(BJ)	昆(JX)	明(JE)	汉(IC)	阴(BE)
吉(FK)	林(SS)	九(VT)	江(IA)	九(VT)	龙(DX)
绵(XR)	阳(BJ)	南(FM)	昌(JJ)	南(FM)	宁(PS)
南(FM)	阳(BJ)	曲(MA)	阳(BJ)	太(DY)	原(DR)
五(GG)	台(CK)	信(WY)	阳(BJ)		

　　实践证明,形象的分类记忆可以大大提高效率,从而使练习者更加熟练掌握一、二级简码,提高录入文章的水平。

第三章 练习和作业

本章主要是为了通过练习来进一步掌握五笔字型的编码规则，使知识转化为技能。练习和作业要有侧重点、针对性和连续性；同时还必须要有一定的量，这样才能熟能生巧、水到渠成。

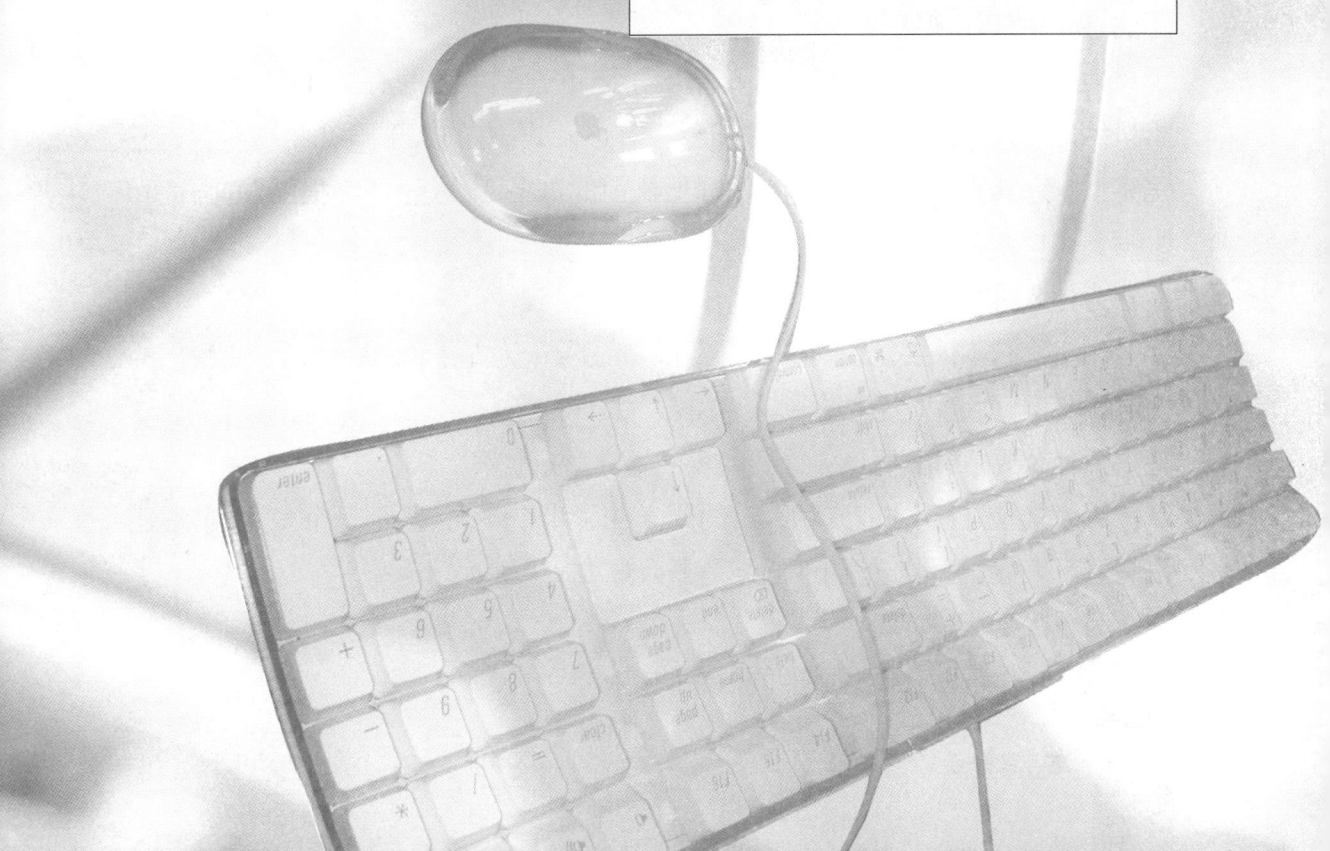

当你初步学习和掌握了五笔字型各章理论知识的同时,就可以在计算机上用"打字高手"按照相关的章节逐步进行操作练习了。无论是"新手上路"还是"高手练就","打字高手"这一优秀的软件,都为我们作了精心的设计和安排。

本章安排的有关练习是穿插在学习五笔字型各对应的章节中进行的。它可以作为"打字高手"软件的一种补充练习,至于训练量的大小,可以根据实际情况制定。

作为"新手上路"的你,建议在英文打字指法练习的基础上,还要高度重视书面作业,配合大量练习,争取顺利度过初学者容易碰到的瓶颈。

3.1 "字根图"的强记和默写

计算机文字录入是以电脑为工具的实用技术,完成电脑打字必须老老实实在电脑上操作。学习、培训阶段的上机训练是十分重要的,但这绝不是说阅读、听讲、书面练习等都不重要。认真地阅读教材和足够的书面练习是上机操作效果的必要保证。毫无准备地上机,常会弄得差错百出,效率极低,不仅是欲速则不达,还会使自己很丧失信心。

大凡"新手上路"者,不少人草草看了一下五笔字型的有关理论,就急匆匆上机练习了。一段时间下来,效果极差,信心大减,有的人干脆就此放弃学习五笔字型。究其原因,是他们没有做好上机前的准备工作——"字根图"的强记和默写。

为什么叫"字根图"呢?

因为我们不仅要记住这 130 个字根,而且要记住它们的键盘位置,使我们的"脑子里有一个键盘"。

为什么要"强记"呢?

因为"趁热打铁才能成功",有的同学花了半个多月、甚至一个多月,字根还没有背下来,可想而知他剩下的路是多么艰难。

为什么要"默写"呢?

因为它是帮助我们"强记"的很好的手段。

计算机文字录入

下图就是一张空白键盘图。你可以对照五笔字型总表，先抄写几遍，然后再进行默写。可以先默写**键名汉字**和**一级简码**，然后再一个区、一个区地分区默写字根，一直到基本过关了，再上机练习。这时候，你的感觉就大不一样了——五笔字型学习的信心由此倍增！

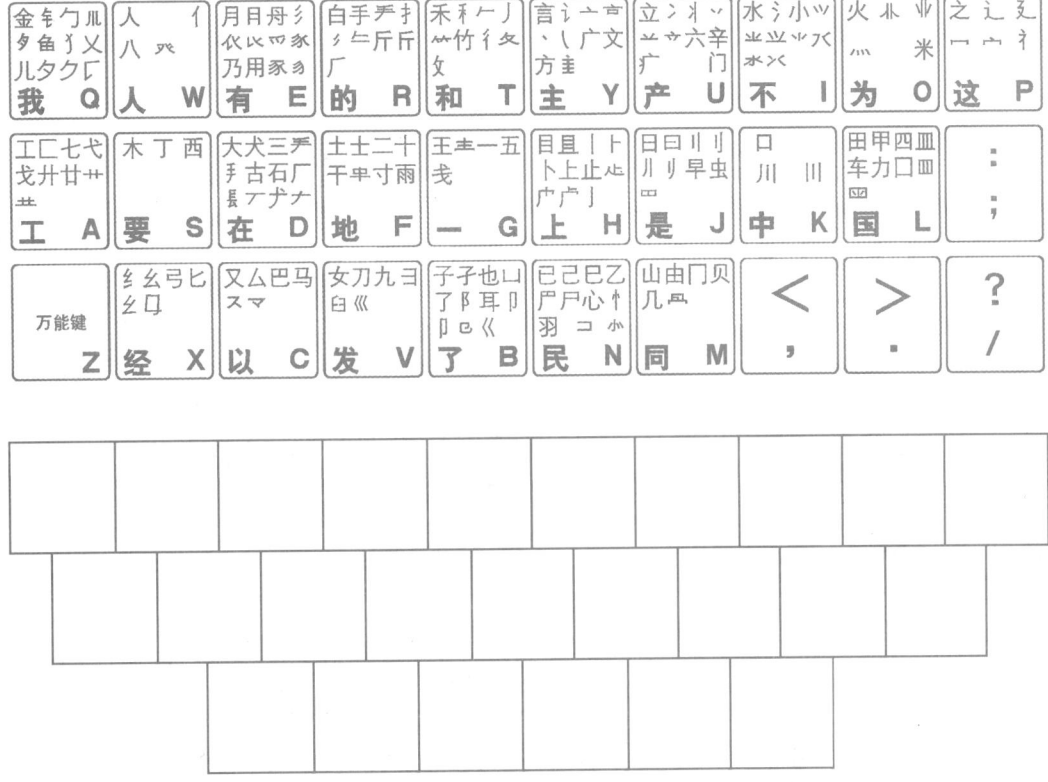

这张"空白键盘图"，可以复印数张（大图见 p. 18），多次使用。

3.2　成字字根的练习

3.2.1　重温成字字根汉字编码的有关规定

成字字根的练习是五笔字型学习的第一瓶颈。首先让我们再重温一下关于成字字根汉字编码的有关规定。

在 130 个基本字根中，除 25 个键名字根外，还有几十个本身也是汉字，称它们为"成字字根"。键名和成字字根合称键面字。成字字根的编码公式为：

报户口＋首笔码＋次笔码＋末笔码

键名码即所在键字母,击此键又称报户口。当成字字根仅为两笔时,只有三码,公式为:

报户口＋首笔码＋末笔码

首单笔码、次单笔码和末单笔码,不是按字根取码,而是按单笔画取码,横、竖、撇、捺、折五种单笔的单笔画取码,即各类第一字母,对应关系如下:

单笔画种类:横、竖、撇、捺、折

单笔画码: G、H、T、Y、N

下面给出几个成字字根的编码和图解:

"雨"字,报户口为 F,拆分为"一"、"丨"、"丶",编码为 FGHY,详见图解:

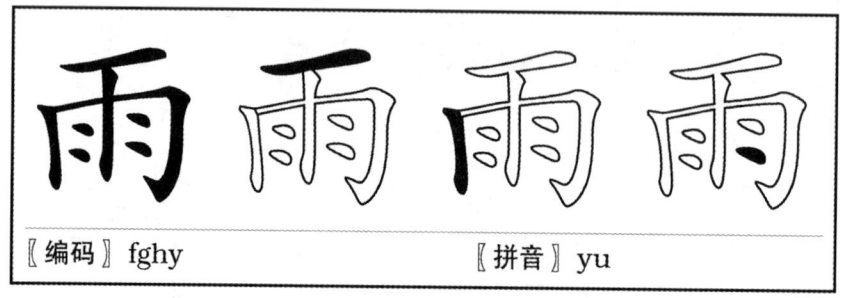

【编码】fghy　　　　　　　　【拼音】yu

"川"字,报户口为 K,拆分为"丿"、"丨"、"丨",编码为 KTHH,详见图解:

【编码】kthh　　　　　　　　【拼音】chuan

"八"字,报户口为 W,拆分为"丿"、"丶",编码为 WTY,详见图解:

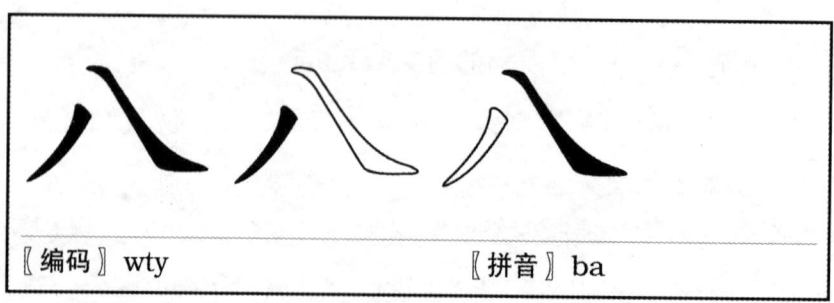

【编码】wty　　　　　　　　【拼音】ba

"广"字,报户口为 Y,拆分为"、"、"一"、"丿",编码为 YYGT,详见图解:

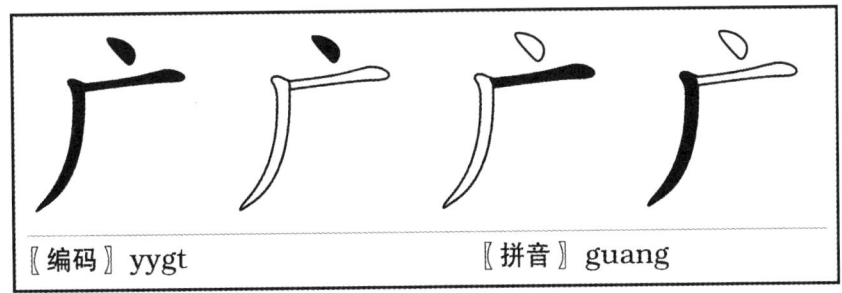

〖编码〗yygt　　　　〖拼音〗guang

"巳"字,报户口为 N,拆分为"乙"、"一"、"乙",编码为 NNGN,详见图解:

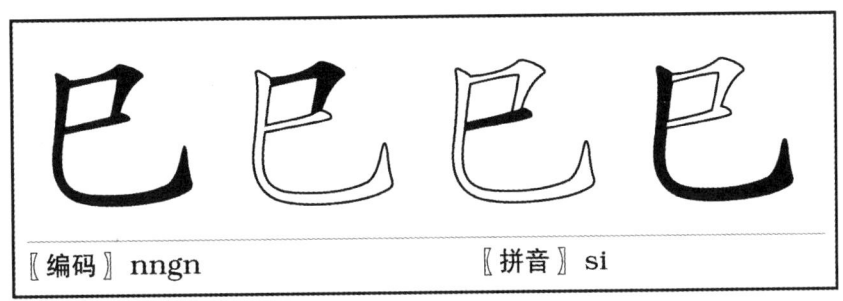

〖编码〗nngn　　　　〖拼音〗si

单笔画横和汉字数码"一"及汉字"乙"(单笔画折的代表)都是只有一笔的成字字根。用上述公式不能概括,而单笔画有时也需单独使用,特别规定五个笔画的编码如下:

一:G G L L

丨:H H L L

丿:T T L L

、:Y Y L L

乙:N N L L

编码的前两位可视为和前述公式有统一性,第一为户口码或键名码,第二为首笔画码。因无其他笔画则补打两次 L 键。

当我们把这一"游戏规则"搞清楚后,就可以进入"打字高手"的"五笔教学/成字字根编码练习"。练习初期可以用 F5 键适当打开"帮助",以在练习中进一步理解成字字根编码规则,最后达到巩固和熟练的目的。

3.2.2 成字字根的书面练习

你能分区找出相关的成字字根,并写出它们的编码吗?以下练习能迅速提

高你对成字字根的运用能力:(请在上机前写出下列汉字的编码)

1. 一区的成字字根(共 19 个)

戈(   )   五(   )   士(   )
二(   )   干(   )   十(   )
寸(   )   雨(   )   犬(   )
三(   )   古(   )   石(   )
厂(   )   丁(   )   西(   )
戈(   )   弋(   )   廿(   )
七(   )

2. 二区的成字字根(共 14 个)

止(   )   卜(   )   早(   )
虫(   )   曰(   )   川(   )
甲(   )   四(   )   皿(   )
车(   )   力(   )   由(   )
贝(   )   几(   )

3. 三区的成字字根(共 8 个)

竹(   )   手(   )   斤(   )
乃(   )   用(   )   八(   )
夕(   )   儿(   )

4. 四区的成字字根(共 8 个)

文(   )   方(   )   广(   )
辛(   )   六(   )   门(   )
小(   )   米(   )

5. 五区的成字字根(共 15 个)

己(   )   已(   )   尸(   )
心(   )   羽(   )   子(   )
也(   )   耳(   )   刀(   )
九(   )   臼(   )   巴(   )
马(   )   弓(   )   匕(   )

3.3.1 重温末笔交叉识别码汉字编码的有关规定

末笔交叉识别码是五笔字型学习的又一瓶颈,要突破它,除了多加练习以外,首先还是应该把末笔交叉识别码的规则理解清楚。

对于不足 4 个字根的键外字,五笔字型输入法为了减少重码而加的识别代码称为末笔字型交叉识别码,简称识别码。依次击入字根后,最后补一个识别码,识别码用末笔画的类型编号和字型编号组成。具体地说,识别代码为两位数字,第一位(十位)是末笔画类型编号(横 1、竖 2、撇 3、捺 4、折 5),第二位(个位)是字型代码(左右型 1、上下型 2、杂合型 3)。把识别代码看成为一个键的区位码,就会得到交叉识别(字母)码,码表如下:

	左 右	上 下	杂 合
横	11 G	12 F	13 D
竖	21 H	22 J	23 K
撇	31 T	32 R	33 E
捺	41 Y	42 U	43 I
折	51 N	52 B	53 V

加识别码后仍不足四码时,击空格键。

单笔与字根相连的字型为杂合型。

加识别码的目的是为了减少重码,加快选字。例如,在不用识别码时,程、足、回三个汉字在输入完它们的编码后均出现了重码,需要"翻页"寻找后,才能选择确定;而加了识别码后,它们就会自动和其他字分开。

程:末笔代号为 1(横)、字型代号为 1(左右型),识别码为 11(G)。

足:末笔代号为 4(捺)、字型代号为 2(上下型),识别码为 42(U)。

回:末笔代号为 1(横)、字型代号为 3(杂合型),识别码为 13(D)。

关于末笔画有如下规定,这些规定可使取码简单、明确:

(1) 末字根为"力、刀、九、七"等时,一律认为末笔画为折。

(2) 进、逼、远等字,不以"走之"的末笔为末笔(书写时确实是末笔,但这样末笔都一样,减少了识别信息量),约定以去掉"走之"部分后的末笔为整个字的末笔来构造识别码。进、逞、远的识别码为:23,K;13,D;53,V。

(3) 我、成等字的末笔取撇"丿"。

关于字型有如下约定:

(1) 凡单笔画与字根相连者或带点结构都视为杂合型。

(2) 字型区分时,也用"能散不连"的原则。"卡"、"严"都视为上下型。

(3) 内外型字属杂合型,如:困、匝。但"见"为上下型。

(4) 含两字根且相交者为杂合型,如:东、串、电、本、无。

(5) 以下含"走之"的字为杂合型,如:进、逞。

(6) 以下各字为杂合型:司、床、厅、尼、式、后、反、办、皮,但相似的,如:左、右、有、看、者、布、友等可视为上下型。

3.3.2 上机前的书面练习很重要

1. 写出下列汉字的末笔代码(横1、竖2、撇3、捺4、折5)

	末笔代码		末笔代码		末笔代码		末笔代码		末笔代码
昏		酥		弄		伏		孜	
勾		力		驰		盍		尔	
弗		未		盆		凹		午	
农		捏		廷		坊		冈	
页		悼		尤		击		妒	
市		闲		秧		元		茸	

2. 写出下列汉字的字型代码(左右型1、上下型2、杂合型3)

	字型代码		字型代码		字型代码		字型代码		字型代码
井		酉		她		仅		杀	
庙		刁		迫		泪		芯	
庐		杆		状		固		肚	
奸		闷		蚂		云		灭	
锌		冒		枚		泉		什	
位		鱼		庄		秆		肪	
谁		扛		酥		闸		闯	

3. 写出下列汉字的识别码（用字母表示）

	识别码		识别码		识别码		识别码		识别码
栗		汹		丹		矿		酥	
闯		腮		泉		飞		沂	
辜		舌		秃		忙		尤	
垃		勺		鱼		抗		决	
卉		痈		勿		浅		美	
农		钡		闲		企		正	
粒		瘴		丘		章		赶	
惊		蛆		应		吾		办	
童		抖		苗		轧		触	

接下来，我们就可以进入打字高手的"五笔教学/末笔交叉识别码练习"了。

五笔末笔字型交叉识别码练习

Esc:退出 F1:打字教程 F5:键位帮助 F6:字根图 F7:关闭帮助 F9:符号输入

3.3.3　末笔交叉识别码的强化练习

注意:练习初期可以用 F5 键适当打开"帮助",以在练习中进一步理解末笔交叉识别码规则;当你对识别码有了一定的理解后,建议你分步进行以下几个练习,以再次突破这个瓶颈,最后达到巩固和熟练的目的。

练习1　参照下表进行"左右型识别码"打字练习

末笔笔画	横	竖	撇	捺	折
左右型识别码	11	21	31	41	51
	G	H	T	Y	N

汉字	编码	汉字	编码	汉字	编码	汉字	编码	汉字	编码
谆		牡		巧		扎		她	
仟		扦		故		拌		码	
刮		肘		仲		泅		杆	
啄		蚂		触		判		悟	
谁		刊		伏		酥		捂	
札		孜		扛		徙		伐	

汉字	编码	汉字	编码	汉字	编码	汉字	编码	汉字	编码
矿		汝		蚊		阻		仗	
钧		呕		驰		汁		坊	
炯		蛆		佯		垃		琼	
钧		唯		配		蛹		虾	
壮		推		咕		训		住	
佣		犯		却		讨		纹	

练习2　参照下表进行"上下型识别码"打字练习

末笔笔画	横	竖	撇	捺	折
上下型识别码	12	22	32	42	52
	F	J	R	U	B

汉字	编码	汉字	编码	汉字	编码	汉字	编码	汉字	编码
尚		岔		栗		冬		霍	
玄		孕		仓		兰		茄	
杀		京		弄		昏		云	
皂		圣		茧		兑		套	
舀		坠		盏		尔		冒	
笛		音		邑		美		苦	
愁		声		章		艾		岁	
气		香		臭		穴		芦	
矢		荤		泵		亩		贾	
艺		孟		杏		竿		吝	
妄		麦		秃		羌		聂	
圭		奇		草		页		紊	

练习3　参照下表进行"杂合型识别码"打字练习

末笔笔画	横	竖	撇	捺	折
杂合型识别码	13	23	33	43	53
	D	K	E	I	V

汉字	编码	汉字	编码	汉字	编码	汉字	编码	汉字	编码
句		牛		头		痔		曳	
廷		疗		闷		庐		闽	
回		库		灭		丈		血	
斥		勾		丹		闯		击	
亡		囱		虏		酉		壬	
办		闸		扇		屎		弗	
未		庙		问		自		隶	
斗		歹		尤		迫		申	
亏		匣		瘴		屎		厘	
勺		冈		君		庄		眉	
屑		厕		万		升		厌	
肩		圆		农		叉		巨	

练习 4　末笔画为"横"的识别码练习（共 115 个字）

自（　　　）　　仔（　　　）　　谆（　　　）　　壮（　　　）

庄（　　　）　　住（　　　）　　诌（　　　）　　置（　　　）

正（　　　）　　砧（　　　）　　召（　　　）　　应（　　　）

音（　　　）　　翌（　　　）　　唷（　　　）　　阎（　　　）

岩（　　　）　　血（　　　）　　杏（　　　）　　享（　　　）

翔（　　　）　　湘（　　　）　　香（　　　）　　硒（　　　）

昔（　　　）　　悟（　　　）　　伍（　　　）　　吾（　　　）

问（　　　）　　位（　　　）　　唯（　　　）　　妄（　　　）

旺（　　　）　　洼（　　　）　　推（　　　）　　吐（　　　）

童（　　　）　　贴（　　　）　　坍（　　　）　　谁（　　　）

仁（　　　）　　圣（　　　）　　舌（　　　）　　尚（　　　）

扇（　　　）　　晒（　　　）　　汝（　　　）　　茸（　　　）

壬（　　　）　　冉（　　　）　　雀（　　　）　　酋（　　　）

丘（　　　）　　青（　　　）　　泣（　　　）　　奇（　　　）

栖（　　　）　　粕（　　　）　　迫（　　　）　　疟（　　　）

涅（　　　）　　捂（　　　）　　亩（　　　）　　牡（　　　）

苗（　　　）　　庙（　　　）　　孟（　　　）　　眉（　　　）

冒（　）	吗（　）	玛（　）	码（　）
蚂（　）	吝（　）	看（　）	君（　）
钧（　）	眷（　）	句（　）	酒（　）
巨（　）	秸（　）	涧（　）	肩（　）
霍（　）	昏（　）	回（　）	惶（　）
皇（　）	圭（　）	挂（　）	固（　）
蛊（　）	咕（　）	沽（　）	苟（　）
告（　）	柱（　）	甘（　）	奋（　）
洱（　）	饵（　）	杜（　）	肚（　）
习（　）	翟（　）	笛（　）	闯（　）
丑（　）	程（　）	尘（　）	扯（　）
铂（　）	备（　）	柏（　）	

练习5　末笔画为"竖"的识别码练习（共 70 个字）

卓（　）	仲（　）	钟（　）	汗（　）
章（　）	蛹（　）	痈（　）	佣（　）
拥（　）	异（　）	沂（　）	耶（　）
仰（　）	羊（　）	丫（　）	驯（　）
刑（　）	锌（　）	匣（　）	午（　）
汀（　）	诵（　）	市（　）	什（　）
升（　）	申（　）	汕（　）	仟（　）
千（　）	扦（　）	刨（　）	判（　）
弄（　）	牛（　）	卯（　）	疗（　）
连（　）	利（　）	刊（　）	井（　）
巾（　）	戒（　）	诫（　）	钾（　）
剂（　）	击（　）	卉（　）	亨（　）
汗（　）	旱（　）	刮（　）	辜（　）
皋（　）	秆（　）	赶（　）	杆（　）
竿（　）	弗（　）	拂（　）	抖（　）
叮（　）	悼（　）	辞（　）	岔（　）
厕（　）	草（　）	卑（　）	剥（　）

拌（　　　　　）　　岸（　　　　　）

练习6　末笔画为"撇"的识别码练习（共19个字）

尹（　　）	曳（　　）	彦（　　）	乡（　　）
勿（　　）	毋（　　）	声（　　）	杉（　　）
戎（　　）	浅（　　）	芦（　　）	庐（　　）
溅（　　）	饯（　　）	贱（　　）	笺（　　）
户（　　）	伐（　　）	妒（　　）	

练习7　末笔画为"捺"的识别码练习（共104个字）

足（　　）	走（　　）	孜（　　）	状（　　）
爪（　　）	肘（　　）	舟（　　）	痔（　　）
仗（　　）	亦（　　）	厌（　　）	穴（　　）
玄（　　）	芯（　　）	闲（　　）	汐（　　）
矽（　　）	沃（　　）	纹（　　）	蚊（　　）
未（　　）	忘（　　）	尺（　　）	驮（　　）
徒（　　）	头（　　）	套（　　）	讨（　　）
叹（　　）	岁（　　）	宋（　　）	私（　　）
屎（　　）	矢（　　）	刃（　　）	去（　　）
琼（　　）	怯（　　）	朴（　　）	扑（　　）
票（　　）	呕（　　）	农（　　）	尿（　　）
闽（　　）	闷（　　）	美（　　）	枚（　　）
麦（　　）	掠（　　）	漏（　　）	凉（　　）
晾（　　）	隶（　　）	栗（　　）	抉（　　）
诀（　　）	惊（　　）	京（　　）	仅（　　）
茧（　　）	贾（　　）	忌（　　）	伎（　　）
弘（　　）	豪（　　）	故（　　）	勾（　　）
恭（　　）	汞（　　）	改（　　）	讣（　　）
父（　　）	付（　　）	伏（　　）	封（　　）
粪（　　）	忿（　　）	吠（　　）	飞（　　）
钒（　　）	乏（　　）	尔（　　）	冬（　　）
钓（　　）	惊（　　）	狄（　　）	等（　　）

待（　　　）	歹（　　　）	床（　　　）	臭（　　　）
愁（　　　）	斥（　　　）	尺（　　　）	卡（　　　）
叉（　　　）	钡（　　　）	狈（　　　）	败（　　　）
坝（　　　）	扒（　　　）	叭（　　　）	艾（　　　）

练习 8　末笔画为"折"的识别码练习（共 42 个字）

兆（　　　）	邑（　　　）	艺（　　　）	朽（　　　）
兄（　　　）	泄（　　　）	亡（　　　）	万（　　　）
秃（　　　）	她（　　　）	冗（　　　）	巧（　　　）
讫（　　　）	乞（　　　）	气（　　　）	匹（　　　）
忙（　　　）	仓（　　　）	亢（　　　）	抗（　　　）
羌（　　　）	筋（　　　）	今（　　　）	劫（　　　）
见（　　　）	讥（　　　）	幻（　　　）	夯（　　　）
访（　　　）	仿（　　　）	坊（　　　）	肪（　　　）
厄（　　　）	讹（　　　）	竞（　　　）	驰（　　　）
彻（　　　）	仑（　　　）	把（　　　）	疤（　　　）
笆（　　　）	皑（　　　）		

3.4　4 个字根及超过 4 个字根的字

　　在汉字输入过程中，一定碰到许多字根比较多的汉字，按照五笔字型编码规定：如果是 4 个字根那就"正好"，只要依次输入，该字就会自动上屏（初学者要注意看屏幕，以免有不必要的空格及字符误入）；如果是超过 4 个字根的字，那就应按照"前三末一"的规定录入。以下的练习，有助于尽快适应这种"多根字"的情况。

1. 4 个字根的字的打字练习

氧（　　　）	热（　　　）	抓（　　　）	脉（　　　）	铜（　　　）
您（　　　）	臂（　　　）	道（　　　）	愿（　　　）	筒（　　　）
期（　　　）	制（　　　）	美（　　　）	怎（　　　）	使（　　　）
势（　　　）	含（　　　）	觉（　　　）	燃（　　　）	镇（　　　）
冷（　　　）	铣（　　　）	炼（　　　）	斜（　　　）	剪（　　　）

荷（　　　）	谬（　　　）	洞（　　　）	摩（　　　）	建（　　　）
速（　　　）	域（　　　）	照（　　　）	围（　　　）	啥（　　　）
拿（　　　）	游（　　　）	壁（　　　）	念（　　　）	贵（　　　）
脚（　　　）	善（　　　）	两（　　　）	造（　　　）	簧（　　　）
留（　　　）	翻（　　　）	资（　　　）	桑（　　　）	影（　　　）
命（　　　）	岛（　　　）	救（　　　）	靡（　　　）	毒（　　　）
貌（　　　）	被（　　　）	勤（　　　）	传（　　　）	察（　　　）
膜（　　　）	岭（　　　）	甚（　　　）	望（　　　）	掌（　　　）
追（　　　）	型（　　　）	耐（　　　）	播（　　　）	津（　　　）
登（　　　）	挖（　　　）	辉（　　　）	够（　　　）	零（　　　）
探（　　　）	船（　　　）	律（　　　）	致（　　　）	都（　　　）

2. 超过 4 个字根的字的打字练习

感（　　　）	常（　　　）	鼓（　　　）	端（　　　）	满（　　　）
该（　　　）	霉（　　　）	愈（　　　）	赞（　　　）	废（　　　）
蒸（　　　）	核（　　　）	穗（　　　）	塔（　　　）	州（　　　）
锤（　　　）	遵（　　　）	敏（　　　）	整（　　　）	腐（　　　）
射（　　　）	骗（　　　）	靠（　　　）	编（　　　）	孩（　　　）
遗（　　　）	盛（　　　）	赛（　　　）	歌（　　　）	键（　　　）
慧（　　　）	篇（　　　）	繁（　　　）	饲（　　　）	塞（　　　）
额（　　　）	裂（　　　）	猪（　　　）	溶（　　　）	槽（　　　）
褐（　　　）	割（　　　）	擦（　　　）	缝（　　　）	穿（　　　）
警（　　　）	露（　　　）	领（　　　）	版（　　　）	献（　　　）
遭（　　　）	寨（　　　）	偏（　　　）	题（　　　）	耗（　　　）
塑（　　　）	辅（　　　）	龄（　　　）	疑（　　　）	喊（　　　）

3.5　重码字

　　任何汉字输入法都避免不了重码的出现,五笔字型这一优秀的汉字输入法以它极低的重码率赢得了大众和市场的青睐。

重码输入规则：若遇重码，系统会显示全部重码字供选择，这时可选想要输入的字的编号。若想要输入的字正好是选单的第一个字，可继续输入下一个汉字，想要输入的字会自动选中；或拍空格键，第一个字就自动上屏。

　　对重码的练习，初学者要解决的是怎样适应环境的问题；而"打字高手"们应训练自己怎样把常用重码字背出来，并记住它们相应的序号，这是提高打字速度的又一诀窍。

1. 重码字打字练习（一）

锤（　　）　肆（　　）　藏（　　）　遵（　　）　瓷（　　）
赜（　　）　辅（　　）　俪（　　）　狄（　　）　忏（　　）
篙（　　）　菇（　　）　翡（　　）　口（　　）　抖（　　）
襞（　　）　劓（　　）　鲣（　　）　赢（　　）　赟（　　）
瞥（　　）　翱（　　）　仟（　　）　蚱（　　）　翠（　　）
呤（　　）　茑（　　）　猥（　　）　寸（　　）　掸（　　）
澜（　　）　镌（　　）　眷（　　）　汗（　　）　鲤（　　）
猬（　　）　囟（　　）　眕（　　）　恣（　　）　雨（　　）
悴（　　）　饕（　　）　孽（　　）　鹬（　　）　渺（　　）
刈（　　）　啮（　　）　笫（　　）　涿（　　）　赢（　　）
雒（　　）　佘（　　）　妤（　　）　尢（　　）　芜（　　）
勹（　　）　渠（　　）　饲（　　）　雀（　　）　爻（　　）
薅（　　）　纪（　　）　魅（　　）　阪（　　）　汁（　　）
馊（　　）　丸（　　）　诌（　　）　瓠（　　）　薯（　　）
匚（　　）　砖（　　）　羿（　　）　臻（　　）　诣（　　）
狰（　　）　芑（　　）　仫（　　）　邡（　　）　斗（　　）
溵（　　）　谲（　　）　钇（　　）　芸（　　）　幻（　　）
阒（　　）　诧（　　）　卒（　　）　酷（　　）　龇（　　）
锤（　　）　觯（　　）　囚（　　）　龆（　　）

2. 重码字打字练习（二）

芫（　　）　庐（　　）　桃（　　）　蜥（　　）　醒（　　）
默（　　）　溧（　　）　跚（　　）　谬（　　）　擒（　　）
凭（　　）　鎏（　　）　螯（　　）　褚（　　）　疠（　　）

苟（	）	氇（	）	雇（	）	竞（	）	圉（	）
猷（	）	匪（	）	铋（	）	攉（	）	播（	）
臂（	）	魆（	）	抉（	）	醋（	）	君（	）
渫（	）	茗（	）	蜻（	）	誉（	）	阕（	）
纨（	）	仁（	）	去（	）	异（	）	皿（	）
刃（	）	魔（	）	瘀（	）	黩（	）	劫（	）
贪（	）	酋（	）	縻（	）	札（	）	芷（	）
圮（	）	豁（	）	陔（	）	仔（	）	皤（	）
瘅（	）	瓢（	）	遒（	）	徂（	）	制（	）
璧（	）	皱（	）	婆（	）	韶（	）	鉴（	）
鹰（	）	迕（	）	锒（	）	犴（	）	憧（	）
逯（	）	羯（	）	瓴（	）	谧（	）	柃（	）
访（	）	疗（	）	踌（	）	痄（	）	籼（	）
镡（	）	鲈（	）	岍（	）	酉（	）	债（	）
铈（	）	悲（	）	鹜（	）	孩（	）	啄（	）

3. 重码字打字练习（三）

霆（	）	蚯（	）	绗（	）	洧（	）	煳（	）
芮（	）	靡（	）	万（	）	礼（	）	嗒（	）
冕（	）	胄（	）	菟（	）	仁（	）	廛（	）
鹄（	）	弪（	）	卩（	）	祀（	）	疬（	）
漾（	）	竦（	）	斓（	）	佳（	）	喊（	）
钋（	）	噙（	）	嚯（	）	嫡（	）	钊（	）
亳（	）	伹（	）	蔍（	）	暝（	）	皈（	）
票（	）	茄（	）	汩（	）	苜（	）	遣（	）
劈（	）	螯（	）	檎（	）	奈（	）	嚣（	）
匍（	）	桁（	）	遣（	）	铳（	）	仵（	）
忮（	）	茴（	）	毂（	）	奠（	）	醪（	）
凵（	）	殄（	）	兑（	）	蟊（	）	锢（	）
颔（	）	枢（	）	艺（	）	拎（	）	囵（	）
徽（	）	愈（	）	钆（	）	獍（	）	览（	）

计算机文字录入

嘉（　　　）　蛲（　　　）　渲（　　　）　嘟（　　　）　酪（　　　）

擢（　　　）　尃（　　　）　疑（　　　）　慝（　　　）　泻（　　　）

阉（　　　）　辛（　　　）　鸢（　　　）　赢（　　　）　跄（　　　）

谶（　　　）　縻（　　　）　辂（　　　）　雅（　　　）

4. 重码字打字练习（四）

致（　　　）　孕（　　　）　泇（　　　）　怯（　　　）　譬（　　　）

汨（　　　）　韝（　　　）　蹰（　　　）　徵（　　　）　秸（　　　）

桓（　　　）　卧（　　　）　偶（　　　）　龇（　　　）　俎（　　　）

笪（　　　）　凫（　　　）　警（　　　）　岛（　　　）　诋（　　　）

卤（　　　）　廉（　　　）　竿（　　　）　颌（　　　）　忏（　　　）

哀（　　　）　忭（　　　）　岚（　　　）　剡（　　　）　赁（　　　）

璠（　　　）　薛（　　　）　翎（　　　）　氦（　　　）　恭（　　　）

庚（　　　）　襦（　　　）　秣（　　　）　疣（　　　）　斟（　　　）

晁（　　　）　衡（　　　）　凵（　　　）　箪（　　　）　鲋（　　　）

颐（　　　）　鞋（　　　）　浏（　　　）　午（　　　）　偎（　　　）

讠（　　　）　袷（　　　）　鮎（　　　）　愁（　　　）　柘（　　　）

阒（　　　）　讦（　　　）　漩（　　　）　獬（　　　）　讹（　　　）

臽（　　　）　挎（　　　）　闩（　　　）　呕（　　　）　轿（　　　）

莄（　　　）　杞（　　　）　拌（　　　）　孚（　　　）　芰（　　　）

劦（　　　）　嘎（　　　）　凳（　　　）　坯（　　　）

5. 86 五笔相关重码字的编码

aadn 莐慝　　　　adjd 菲罪　　　　adnt 藏茂　　　　adwf 基斟

afcu 芰芸　　　　afff 尃韝鞋　　　afqb 芜芫　　　　aftj 轿著著

agn_匚七　　　　ahf_苜芷　　　　ahkm 颐赜　　　　ahnh 臣卧

akhm 匮蒉　　　　alkf 苗茄　　　　amhk 菇匝　　　　amwu 黄芮

anb_艺艺　　　　aqkf 苟茗　　　　aqky 警菀　　　　aqyg 茑鸢

avdf 菇薅　　　　avkf 茹苕　　　　awnb 孽巷　　　　awnu 恭薛

aysd 蘑蘑　　　　bnh_阝卩了凵　　brcy 阪孤　　　　bynw 陔孩

cbtg 鸳鹨　　　　cbtj 蛩蟊　　　　ccy_双驭　　　　cwyg 难雅

dfny 瓠砖　　　　fnn_圯圮　　　　fpgc 彀彀　　　　gcft 臻致

goi_来灭	gqwe 殄饕	hwbk 龆龉	djdn 悲翡
dnv_万尤尤	dtbh 邦帮	dyi_太丈	ebf_孚孕
evf_妥舀	fcln 动劫	fcu_去云支	fghy 寸雨
fief 霄霆	fkuk 嘉喜	hwbx 龇龃	ians 渠渫
ideg 湖洧	idff 溽涯	ieyy 汲涿	ifh_汗汁
ihit 渺涉	ijg_汨汨	ipgg 泻渲	issy 溧淋
iugi 澜漾	ivkg 泃沼	iwyf 雀誉	iycq 流鎏
iyjh 济浏	iyth 漩洲	jatq 蛲晓	jgeg 蜻晴
jiqb 晁晃	jpju 暝螟	jqkq 冕晚	jrgg 蝗蚯
jsrh 晰蜥	jthf 蚱昨	jtyq 鉴览	kaqy 哎呕
kawk 嗒嗬	kdht 嘎喊	keyy 吸啄	kftb 嘟哮
kfwy 吷嚯	khdf 踌躇	khgp 遣遗	mgah 赋岈
mmgd 凹册	mmqu 岗岚	mqi_风冈	mqjh 刚刿
naj_异羿	khtk 踟路	khwb 啮跄	kkdk 器嚣
kwyc 呤嚟	lfod 黩默	lgey 辅匍	lhng 皿四口
ltkg 辂略	lwet 轸畛	lwi_办囚	mef_骨胄
nfcy 怯怹	nkue 臂襞	nkuv 劈劈	nkuy 璧譬
nngn 己巳	ntfh 忏忏	nujf 憧惮	nyhy 忻忄
nywf 悴翠	odeg 煳糊	omh_灿籼	pdhk 害豁
pufj 褚襦	puwk 袷裕	pynn 礼祀	qdmh 铈希
qeuf 斛觯	qgey 铺匍	qghn 钙鲈	qgjf 鲣鲤鲁鲥
qhy_钋外	qjh_刘钊	qnn_钆钇	qnnk 锔饲
qntt 铋饿	qqu_多爻	qsjh 镭刹	qtfh 犴钎
qtgf 锤锺	qtle 猥猖	qtn_勹儿	qtoy 狄锹
qtqh 獬狰	rnyw 氪拟	rqcc 魃魈	rqci 鬼魅
rrcy 扳皈	rtol 播幡	rufh 拌抖	qtuq 狡猿
qvhc 锼皱	qwye 镌飧	qycq 铳铳	qyey 铱铱
qyi_久勺	qynm 岛凫	rdfn 翱挎	rfwy 扶摇
rmhj 帛制	rnwy 抉摧	rujf 掸撞	rwyc 拎擒
saqy 枢枢	sdg_枯柘	sfiu 奈票	sfiy 标瓢

sgd_本酉   sgjg 桓醒   sgkg 醒梧   sgne 醪醑

sgnn 配杤   sgtk 酷酪   siqn 桄桃   snn_杞札

sou_杰粟   stfh 杵桁   swyc 枔檎   tegg 徂租

tfj_竿午   tfkg 鹄秸   tfnj 鲁耰   tfpk 迁迍

thlj 鼻劓   tjgf 筀得   tkwy 积雒   tlqi 囵囟

tmgt 徽微徵   tonu 愁悉   tqdh 衡稀   ttnt 秭第

tujf 筆简   tymk 篙稿   ubk_疒疗   usgf 酋尊

usgp 道遵   uthf 首疖   uujf 阐瘅   uwgd 痊阕

uygh 辛丬   udhf 眷着   udjn 羯阉   udnv 疠疣

udpi 送囟   ufk_半斗   ugd_闰闩   ugki 辣竦

ukqb 兑竞   umih 鳖鳘   uqwn 瓷恣   usgd 奠猷

uywu 阏瘀   vcbh 即好   vipi 逮逯   vnuv 豳鼹

vtkd 君群   vyi_刃丸   wbg_倮仔   wdg_估仨

wfg_仁仕   wfiu 祭佘   wgen 氇愈   wgkm 凳颌

wgmy 俪债   wlge 偎偬   wtcy 幺叙   wtfh 仟仵

wtfm 赁凭   wweg 俏俎   wycn 瓴翎   wyfj 储隼

wyg_信隹   wynm 颌贪   xcag 经弪   xnn_幻纪

xtdh 疑肄   xtfh 绗纤   xvyy 纫纨   yakg 谨廑

ybh_邡邝   ycbk 谲序   yeu_哀衣   yfh_计讦

ynky 赢赢赢赢   yvwi 庚庚   ywwf 卒座   ywwg 谶鹰

ywxn 讹论   yyn_访讠   yntl 劢谧   ynwe 廖谬

ynwy 雇诀   ypta 毫诧   yqay 诋底   yqvg 诮诿

yssc 麽魔   yssd 靡磨   yssi 麻縻   yugi 谰斓

yuvo 廉谦

3.6 常用 1000 字

熟练掌握常用 1000 字的输入规律,对提高你的打字速度是极为重要的。

1. 频序为 1～100 的常用字的打字练习

的(   ) 一(   ) 是(   ) 在(   ) 了(   )

不（　　）	和（　　）	有（　　）	大（　　）	这（　　）
主（　　）	中（　　）	人（　　）	上（　　）	为（　　）
们（　　）	地（　　）	个（　　）	用（　　）	工（　　）
时（　　）	要（　　）	动（　　）	国（　　）	产（　　）
以（　　）	我（　　）	到（　　）	他（　　）	会（　　）
作（　　）	来（　　）	分（　　）	生（　　）	对（　　）
于（　　）	学（　　）	下（　　）	级（　　）	义（　　）
就（　　）	年（　　）	阶（　　）	发（　　）	成（　　）
部（　　）	民（　　）	可（　　）	出（　　）	能（　　）
方（　　）	进（　　）	同（　　）	行（　　）	面（　　）
说（　　）	种（　　）	过（　　）	命（　　）	度（　　）
革（　　）	而（　　）	多（　　）	子（　　）	后（　　）
自（　　）	社（　　）	加（　　）	小（　　）	机（　　）
也（　　）	经（　　）	力（　　）	线（　　）	本（　　）
电（　　）	高（　　）	量（　　）	长（　　）	党（　　）
得（　　）	实（　　）	家（　　）	定（　　）	深（　　）
法（　　）	表（　　）	着（　　）	水（　　）	理（　　）
化（　　）	争（　　）	现（　　）	所（　　）	二（　　）
起（　　）	政（　　）	三（　　）	好（　　）	十（　　）

2. 频序为 101～200 的常用字的打字练习

战（　　）	无（　　）	农（　　）	使（　　）	性（　　）
前（　　）	等（　　）	反（　　）	体（　　）	合（　　）
斗（　　）	路（　　）	图（　　）	把（　　）	结（　　）
第（　　）	里（　　）	正（　　）	新（　　）	开（　　）
论（　　）	之（　　）	物（　　）	从（　　）	当（　　）
两（　　）	些（　　）	还（　　）	天（　　）	资（　　）
事（　　）	对（　　）	批（　　）	如（　　）	应（　　）
形（　　）	想（　　）	制（　　）	心（　　）	样（　　）
干（　　）	都（　　）	向（　　）	变（　　）	关（　　）
点（　　）	育（　　）	重（　　）	其（　　）	思（　　）

与（　　）	间（　　）	内（　　）	去（　　）	应（　　）
件（　　）	日（　　）	利（　　）	相（　　）	由（　　）
压（　　）	员（　　）	气（　　）	业（　　）	代（　　）
全（　　）	组（　　）	数（　　）	果（　　）	期（　　）
导（　　）	平（　　）	各（　　）	基（　　）	月（　　）
毛（　　）	然（　　）	问（　　）	比（　　）	或（　　）
展（　　）	那（　　）	它（　　）	最（　　）	及（　　）
外（　　）	没（　　）	看（　　）	治（　　）	提（　　）
五（　　）	解（　　）	系（　　）	林（　　）	者（　　）
米（　　）	群（　　）	头（　　）	意（　　）	只（　　）

3. 频序为 201～300 的常用字的打字练习

明（　　）	四（　　）	道（　　）	马（　　）	认（　　）
次（　　）	文（　　）	通（　　）	但（　　）	条（　　）
较（　　）	克（　　）	又（　　）	公（　　）	孔（　　）
领（　　）	军（　　）	流（　　）	入（　　）	接（　　）
席（　　）	位（　　）	情（　　）	运（　　）	器（　　）
并（　　）	习（　　）	原（　　）	油（　　）	放（　　）
立（　　）	题（　　）	质（　　）	指（　　）	建（　　）
区（　　）	验（　　）	活（　　）	众（　　）	很（　　）
教（　　）	决（　　）	特（　　）	此（　　）	常（　　）
石（　　）	强（　　）	极（　　）	土（　　）	少（　　）
已（　　）	根（　　）	共（　　）	直（　　）	团（　　）
统（　　）	式（　　）	转（　　）	别（　　）	造（　　）
切（　　）	九（　　）	你（　　）	取（　　）	西（　　）
持（　　）	总（　　）	料（　　）	连（　　）	任（　　）
志（　　）	观（　　）	调（　　）	么（　　）	七（　　）
山（　　）	程（　　）	百（　　）	报（　　）	更（　　）
见（　　）	必（　　）	真（　　）	保（　　）	热（　　）
委（　　）	手（　　）	改（　　）	管（　　）	处（　　）
巳（　　）	将（　　）	修（　　）	支（　　）	识（　　）

病（　　　） 象（　　　） 先（　　　） 老（　　　） 光（　　　）

4. 频序为301～400的常用字的打字练习

专（　　　） 几（　　　） 什（　　　） 六（　　　） 型（　　　）

具（　　　） 示（　　　） 复（　　　） 安（　　　） 带（　　　）

每（　　　） 东（　　　） 增（　　　） 则（　　　） 完（　　　）

风（　　　） 回（　　　） 南（　　　） 广（　　　） 劳（　　　）

轮（　　　） 科（　　　） 北（　　　） 打（　　　） 积（　　　）

车（　　　） 计（　　　） 给（　　　） 节（　　　） 做（　　　）

务（　　　） 被（　　　） 整（　　　） 联（　　　） 步（　　　）

类（　　　） 集（　　　） 号（　　　） 列（　　　） 温（　　　）

中（　　　） 即（　　　） 毫（　　　） 轴（　　　） 知（　　　）

研（　　　） 单（　　　） 色（　　　） 坚（　　　） 据（　　　）

速（　　　） 防（　　　） 史（　　　） 拉（　　　） 世（　　　）

射（　　　） 达（　　　） 尔（　　　） 场（　　　） 织（　　　）

历（　　　） 花（　　　） 受（　　　） 求（　　　） 传（　　　）

口（　　　） 断（　　　） 况（　　　） 采（　　　） 精（　　　）

金（　　　） 界（　　　） 品（　　　） 判（　　　） 参（　　　）

层（　　　） 止（　　　） 边（　　　） 清（　　　） 至（　　　）

万（　　　） 确（　　　） 究（　　　） 书（　　　） 低（　　　）

术（　　　） 状（　　　） 厂（　　　） 需（　　　） 离（　　　）

再（　　　） 目（　　　） 海（　　　） 交（　　　） 权（　　　）

且（　　　） 儿（　　　） 青（　　　） 才（　　　） 证（　　　）

5. 频序为401～500的常用字的打字练习

越（　　　） 际（　　　） 八（　　　） 试（　　　） 规（　　　）

斯（　　　） 近（　　　） 注（　　　） 办（　　　） 布（　　　）

门（　　　） 铁（　　　） 需（　　　） 走（　　　） 议（　　　）

县（　　　） 兵（　　　） 虫（　　　） 固（　　　） 除（　　　）

般（　　　） 引（　　　） 齿（　　　） 千（　　　） 胜（　　　）

细（　　　） 影（　　　） 济（　　　） 白（　　　） 格（　　　）

效（　　　） 置（　　　） 推（　　　） 空（　　　） 配（　　　）

刀（　　）	叶（　　）	率（　　）	今（　　）	选（　　）
养（　　）	德（　　）	话（　　）	查（　　）	差（　　）
半（　　）	敌（　　）	始（　　）	片（　　）	施（　　）
响（　　）	收（　　）	华（　　）	觉（　　）	备（　　）
名（　　）	红（　　）	续（　　）	均（　　）	药（　　）
标（　　）	记（　　）	难（　　）	存（　　）	测（　　）
士（　　）	身（　　）	紧（　　）	液（　　）	派（　　）
准（　　）	斤（　　）	角（　　）	降（　　）	维（　　）
板（　　）	许（　　）	破（　　）	述（　　）	技（　　）
消（　　）	底（　　）	床（　　）	田（　　）	势（　　）
端（　　）	感（　　）	往（　　）	神（　　）	便（　　）
圆（　　）	村（　　）	构（　　）	照（　　）	容（　　）
非（　　）	搞（　　）	亚（　　）	磨（　　）	族（　　）

6. 频序为 501～600 的常用字的打字练习

火（　　）	段（　　）	算（　　）	适（　　）	讲（　　）
按（　　）	值（　　）	美（　　）	态（　　）	黄（　　）
易（　　）	彪（　　）	服（　　）	早（　　）	班（　　）
麦（　　）	削（　　）	信（　　）	排（　　）	台（　　）
声（　　）	该（　　）	击（　　）	素（　　）	张（　　）
密（　　）	害（　　）	候（　　）	草（　　）	何（　　）
树（　　）	肥（　　）	继（　　）	右（　　）	属（　　）
市（　　）	严（　　）	径（　　）	螺（　　）	检（　　）
左（　　）	页（　　）	抗（　　）	苏（　　）	显（　　）
苦（　　）	英（　　）	快（　　）	称（　　）	坏（　　）
移（　　）	约（　　）	巴（　　）	材（　　）	省（　　）
黑（　　）	武（　　）	培（　　）	著（　　）	河（　　）
帝（　　）	仅（　　）	针（　　）	怎（　　）	植（　　）
京（　　）	助（　　）	升（　　）	王（　　）	眼（　　）
她（　　）	抓（　　）	含（　　）	苗（　　）	副（　　）
杂（　　）	普（　　）	谈（　　）	围（　　）	食（　　）

射（　　　） 源（　　　） 例（　　　） 致（　　　） 酸（　　　）
旧（　　　） 却（　　　） 充（　　　） 足（　　　） 短（　　　）
划（　　　） 剂（　　　） 宣（　　　） 环（　　　） 落（　　　）
首（　　　） 尺（　　　） 波（　　　） 承（　　　） 粉（　　　）

7. 频序为601～700的常用字的打字练习

践（　　　） 府（　　　） 考（　　　） 刻（　　　） 靠（　　　）
够（　　　） 满（　　　） 夫（　　　） 失（　　　） 住（　　　）
枝（　　　） 局（　　　） 菌（　　　） 杆（　　　） 周（　　　）
护（　　　） 岩（　　　） 师（　　　） 举（　　　） 曲（　　　）
春（　　　） 元（　　　） 超（　　　） 负（　　　） 砂（　　　）
封（　　　） 换（　　　） 太（　　　） 模（　　　） 贫（　　　）
减（　　　） 阳（　　　） 包（　　　） 江（　　　） 扬（　　　）
析（　　　） 亩（　　　） 木（　　　） 言（　　　） 球（　　　）
朝（　　　） 医（　　　） 校（　　　） 古（　　　） 呢（　　　）
稻（　　　） 宁（　　　） 听（　　　） 唯（　　　） 输（　　　）
滑（　　　） 站（　　　） 另（　　　） 卫（　　　） 字（　　　）
鼓（　　　） 刚（　　　） 写（　　　） 刘（　　　） 微（　　　）
略（　　　） 范（　　　） 供（　　　） 阿（　　　） 块（　　　）
某（　　　） 功（　　　） 套（　　　） 友（　　　） 限（　　　）
项（　　　） 余（　　　） 倒（　　　） 卷（　　　） 创（　　　）
律（　　　） 雨（　　　） 让（　　　） 骨（　　　） 远（　　　）
帮（　　　） 初（　　　） 皮（　　　） 播（　　　） 优（　　　）
占（　　　） 促（　　　） 死（　　　） 毒（　　　） 圈（　　　）
伟（　　　） 季（　　　） 训（　　　） 控（　　　） 激（　　　）
找（　　　） 叫（　　　） 云（　　　） 互（　　　） 跟（　　　）

8. 频序为701～800的常用字的打字练习

裂（　　　） 粮（　　　） 母（　　　） 练（　　　） 塞（　　　）
钢（　　　） 顶（　　　） 策（　　　） 双（　　　） 留（　　　）
误（　　　） 粒（　　　） 础（　　　） 吸（　　　） 阻（　　　）
故（　　　） 寸（　　　） 晚（　　　） 丝（　　　） 女（　　　）

焊（　　）	攻（　　）	株（　　）	亲（　　）	院（　　）
冷（　　）	彻（　　）	弹（　　）	错（　　）	散（　　）
尼（　　）	盾（　　）	商（　　）	视（　　）	艺（　　）
灭（　　）	版（　　）	烈（　　）	零（　　）	室（　　）
轻（　　）	血（　　）	倍（　　）	缺（　　）	厘（　　）
泵（　　）	察（　　）	绝（　　）	富（　　）	城（　　）
喷（　　）	简（　　）	否（　　）	柱（　　）	李（　　）
望（　　）	盘（　　）	磁（　　）	雄（　　）	似（　　）
困（　　）	巩（　　）	益（　　）	洲（　　）	脱（　　）
投（　　）	送（　　）	奴（　　）	侧（　　）	润（　　）
盖（　　）	挥（　　）	距（　　）	触（　　）	星（　　）
松（　　）	获（　　）	独（　　）	官（　　）	混（　　）
纪（　　）	座（　　）	依（　　）	未（　　）	突（　　）
架（　　）	宽（　　）	冬（　　）	兴（　　）	章（　　）
湿（　　）	偏（　　）	纹（　　）	执（　　）	矿（　　）
寨（　　）	责（　　）	阀（　　）	熟（　　）	冲（　　）

9. 频序为 801～900 的常用字的打字练习

吃（　　）	稳（　　）	夺（　　）	硬（　　）	价（　　）
努（　　）	翻（　　）	奇（　　）	甲（　　）	预（　　）
职（　　）	评（　　）	读（　　）	背（　　）	协（　　）
损（　　）	棉（　　）	侵（　　）	灰（　　）	虽（　　）
矛（　　）	罗（　　）	厚（　　）	泥（　　）	辟（　　）
告（　　）	卵（　　）	箱（　　）	掌（　　）	氧（　　）
恩（　　）	爱（　　）	停（　　）	曾（　　）	溶（　　）
营（　　）	终（　　）	纲（　　）	孟（　　）	钱（　　）
待（　　）	尽（　　）	俄（　　）	缩（　　）	沙（　　）
退（　　）	陈（　　）	讨（　　）	奋（　　）	械（　　）
胞（　　）	幼（　　）	哪（　　）	剥（　　）	迫（　　）
旋（　　）	征（　　）	槽（　　）	殖（　　）	握（　　）
担（　　）	仍（　　）	呀（　　）	载（　　）	鲜（　　）

吧（　　）	卡（　　）	粗（　　）	介（　　）	钻（　　）
逐（　　）	弱（　　）	脚（　　）	怕（　　）	盐（　　）
末（　　）	阴（　　）	丰（　　）	编（　　）	印（　　）
蜂（　　）	急（　　）	扩（　　）	伤（　　）	飞（　　）
域（　　）	露（　　）	核（　　）	缘（　　）	游（　　）
振（　　）	操（　　）	央（　　）	伍（　　）	甚（　　）
迅（　　）	辉（　　）	异（　　）	序（　　）	免（　　）

10. 频序为901～1000的常用字的打字练习

纸（　　）	夜（　　）	乡（　　）	久（　　）	隶（　　）
缸（　　）	夹（　　）	念（　　）	兰（　　）	映（　　）
沟（　　）	乙（　　）	吗（　　）	儒（　　）	杀（　　）
汽（　　）	磷（　　）	艰（　　）	晶（　　）	插（　　）
埃（　　）	燃（　　）	欢（　　）	铁（　　）	补（　　）
咱（　　）	芽（　　）	永（　　）	瓦（　　）	倾（　　）
阵（　　）	碳（　　）	演（　　）	威（　　）	附（　　）
牙（　　）	斜（　　）	灌（　　）	欧（　　）	献（　　）
顺（　　）	猪（　　）	洋（　　）	腐（　　）	请（　　）
透（　　）	司（　　）	危（　　）	括（　　）	脉（　　）
若（　　）	尾（　　）	束（　　）	壮（　　）	暴（　　）
企（　　）	莱（　　）	穗（　　）	楚（　　）	汉（　　）
愈（　　）	绿（　　）	拖（　　）	牛（　　）	份（　　）
染（　　）	既（　　）	秋（　　）	遍（　　）	锻（　　）
玉（　　）	夏（　　）	疗（　　）	尖（　　）	井（　　）
费（　　）	州（　　）	访（　　）	吹（　　）	荣（　　）
铜（　　）	沿（　　）	替（　　）	滚（　　）	客（　　）
召（　　）	旱（　　）	悟（　　）	刺（　　）	脑（　　）
措（　　）	贯（　　）	藏（　　）	令（　　）	隙（　　）

3.7　五笔字型输入指法练习

1. 指法练习（一）（10～20 遍）

工（　　）	式（　　）	止（　　）	工（　　）
了（　　）	子（　　）	子（　　）	子（　　）
以（　　）	双（　　）	又（　　）	又（　　）
在（　　）	大（　　）	磊（　　）	大（　　）
有（　　）	朋（　　）	月（　　）	月（　　）
地（　　）	寺（　　）	圭（　　）	土（　　）
一（　　）	五（　　）	王（　　）	王（　　）
上（　　）	止（　　）	止（　　）	目（　　）
不（　　）	水（　　）	水（　　）	水（　　）
是（　　）	昌（　　）	晶（　　）	日（　　）
中（　　）	吕（　　）	品（　　）	口（　　）
国（　　）	男（　　）	田（　　）	田（　　）
同（　　）	册（　　）	山（　　）	山（　　）
民（　　）	忆（　　）	忆（　　）	已（　　）
为（　　）	炎（　　）	火（　　）	火（　　）
这（　　）	之（　　）	之（　　）	之（　　）
我（　　）	多（　　）	金（　　）	的（　　）
折（　　）	白（　　）	白（　　）	要（　　）
林（　　）	森（　　）	木（　　）	和（　　）
笔（　　）	禾（　　）	禾（　　）	产（　　）
立（　　）	立（　　）	立（　　）	发（　　）
妇（　　）	女（　　）	女（　　）	人（　　）
从（　　）	众（　　）	众（　　）	经（　　）
比（　　）	纟（　　）	纟（　　）	主（　　）
方（　　）	言（　　）		

2. 指法练习（二）（10～20遍）

下（　　）	难（　　）	如（　　）	肌（　　）	宛（　　）
睡（　　）	进（　　）	膛（　　）	外（　　）	晨（　　）
宫（　　）	肖（　　）	楞（　　）	同（　　）	城（　　）
困（　　）	防（　　）	虽（　　）	钱（　　）	瓣（　　）
继（　　）	台（　　）	守（　　）	骨（　　）	妆（　　）
入（　　）	敢（　　）	怕（　　）	江（　　）	睛（　　）
东（　　）	盯（　　）	约（　　）	业（　　）	粉（　　）
时（　　）	下（　　）	民（　　）	相（　　）	世（　　）
百（　　）	睛（　　）	伙（　　）	所（　　）	放（　　）
嫌（　　）	也（　　）	功（　　）	汉（　　）	夺（　　）
蝇（　　）	拉（　　）	公（　　）	离（　　）	处（　　）

3. 指法练习（三）（30～40遍）

工（　　）	了（　　）	以（　　）	在（　　）	有（　　）
地（　　）	一（　　）	上（　　）	不（　　）	是（　　）
中（　　）	国（　　）	同（　　）	为（　　）	这（　　）
我（　　）	的（　　）	要（　　）	和（　　）	产（　　）
发（　　）	人（　　）	经（　　）	主（　　）	

4. 指法练习（四）（10～20遍）

动（　　）	重（　　）	义（　　）	两（　　）	都（　　）
说（　　）	导（　　）	力（　　）	去（　　）	全（　　）
于（　　）	个（　　）	种（　　）	它（　　）	们（　　）
本（　　）	数（　　）	可（　　）	用（　　）	员（　　）
后（　　）	头（　　）	他（　　）	各（　　）	解（　　）
就（　　）	林（　　）	多（　　）	业（　　）	没（　　）
线（　　）	问（　　）	部（　　）	只（　　）	平（　　）
命（　　）	基（　　）	电（　　）	最（　　）	期（　　）
级（　　）	者（　　）	度（　　）	或（　　）	看（　　）
量（　　）	水（　　）	长（　　）	也（　　）	定（　　）
无（　　）	路（　　）	前（　　）	二（　　）	合（　　）

法( )	使( )	化( )	得( )	三( )
意( )	毛( )	代( )	系( )	果( )
斗( )	现( )	结( )	反( )	家( )
深( )	农( )	理( )	党( )	政( )
性( )	争( )	实( )	等( )	着( )
体( )	表( )	斗( )	十( )	结( )
那( )	加( )	然( )	提( )	外( )
所( )	开( )	战( )	起( )	好( )
之( )	还( )	里( )	图( )	物( )
制( )	因( )	向( )	批( )	其( )
些( )	干( )	事( )	新( )	形( )
点( )	利( )	间( )	育( )	内( )
从( )	变( )	天( )	正( )	如( )
件( )	生( )	论( )	思( )	到( )
想( )	出( )	革( )	自( )	队( )
由( )	会( )	成( )	方( )	相( )
大( )	面( )	来( )	下( )	治( )
米( )	行( )	机( )	高( )	时( )
及( )	对( )	能( )	过( )	比( )
展( )	社( )	作( )	学( )	月( )
组( )	进( )	子( )	小( )	压( )
气( )	分( )	阶( )	面( )	

3.8 软件使用中要注意的几个问题

    "打字高手"这一共享软件一上市就得到了市场的认可和"打字族"的青睐，而且随着版本的升级，作者在不少地方都作了精心改进，为单机和网络使用提供了极大方便。对于它的一般使用，软件自带的"帮助"都已经作了详尽的交代。下面就使用中要注意的几个问题作一些说明。

1. 关于"考核文本"

软件操作说明(管理员操作)中指出:

> "更换测试文章(中、英文)及文章名,对应文章分别为:
>
> 中文:wwt1.txt;wwt2.txt;……
>
> 英文:wwte1.txt;wwte2.txt;……
>
> 注意:更换中文测试文章不得含有半角字符(包括半角空格),否则会出现乱码(可在[五笔教学]→[自由录入练习]中按[打开]按钮打开该文件,再按[查找]按钮自动查找英文半角字符,最后存盘退出)。
>
> 同理,英文测试考核文章不得含有全角字符,否则将无法输入,也应该将其查找并去除后使用。"

但是,在实际生活中,报刊、书籍上的中文文章中的英文、数字均为半角,这种在文章中用全角输入数字和英文的情况并不多见。要解决这一问题,实际上我们只要把这些半角的英文或数字的字长改成偶数就可以了,该方法经多次实际运行,完全可行。

2. 关于"网络监控"

本软件给用户提供了在局域环境下进行"网络监控"的友好操作界面。如果按如下设置,把你所认为的"重要度"按先后排列(只要用鼠标拖移),将会给你带来更大的方便(例见下图)。

3. 关于"练习文章的更换"

"打字高手"内置了经典的中英文练习文章各 9 篇,如果我们自己想要练习别的文章,则 6.0 以上的版本都具备了灵活的更换练习文本的方法。特别是"测试/开始中文录入测试"这一灵活的界面,给我们提供了极大的方便,具体操作见以下图示。

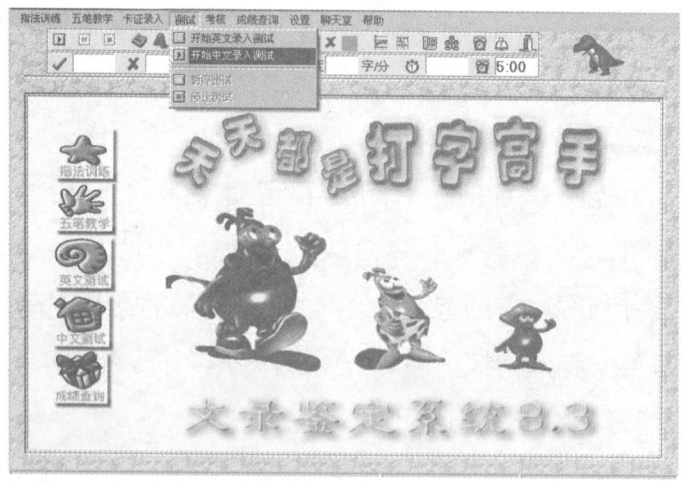

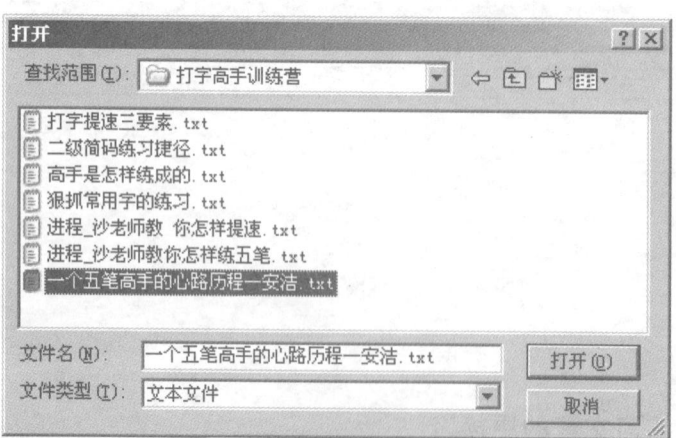

　　由此,我们就可以准备许多自己感兴趣的文章进行练习了,只要是文本文件即可,当然对中文文章中的数字和英文要注意"偶数"设置。

王永民的故事

1992 年 5 月 16 日下午,江泽民总书记和李鹏总理来到北京王码电脑总公司视察,兴致勃勃地观看了王码电脑技术和产品的演示,听取了公司总裁、"五笔字型"发明人王永民的汇报。

这"五笔字型"究竟是怎么回事? 王永民又是怎样一个人? 为什么能引起党和国家领导人的如此重视?

王永民发明的"五笔字型"汉字输入法,征服了汉字输入电脑这个世界级难题,在古老汉字和现代化电子计算机之间,架起了一座畅通无阻的桥梁!

大家一定还记得,宋代的毕昇,首创活字印刷术,不仅给中国文化事业带来了繁荣和进步,而且对西方文化的发展产生了重大的影响。可是近百年来,中国在科学技术上渐渐落到了后面。西方经过打字机时代,已经进入电脑时代,而中国人还在"笔耕墨种"。曾经有人断言,汉字因无法适应电脑时代,所以必将被废除。王永民发明的"五笔字型"电脑汉字输入法,使古老的汉字重新扬眉吐气于世界文字之林! 而王永民,也因此被海内外新闻界誉为"中国电脑时代的毕昇"!

王永民是一个农民的儿子。他的父母都是目不识丁的贫苦农民。父亲从 10 岁起就四处奔波,为人家打柴,做零工。他心灵手巧,刻苦耐劳,不但会编筐织篓,砌房盖屋,而且能够不用车床造出真正的"汉阳造"步枪和"十子连"手枪,是个闻名乡里的"百事通"。

王永民的童年,是在家乡河南省南召县白河冲塞凹乡度过的。从能记事的时候起,他就不声不响地上山割草拾柴,帮妈妈烧火做饭,下地浇水捉虫,帮父亲侍弄庄稼。但他最喜欢的,还是钻进父亲的"车间"里,用父亲的各种工具做玩具、做"试验"。王永民在这个家庭中培养出了两种最为可贵的品质:一是特别喜欢动手用脑,二是特别能吃苦。

他相信一切要靠自己创造出来,他更相信自己能创造出一个崭新的世界!

1950 年秋天,村里在祠堂中办起了个小学堂。每个学生的书本费只要交两斤玉米。王永民和小伙伴们都带着玉米去报名,可他一进校门就被老师吆喝回去了——一年有半年光屁股的王永民,连裤子都没有穿! 妈妈只好临时为他缝了一条小裤子。王永民知道,他这学上得不容易,妈妈经常要挨家挨户去借鸡蛋给他交学费,所以读书非常用功,每天放学回家,还蹲在地上用画石默字。10 岁那年,他就从一本《四体百家姓》上,学会了真、草、隶、篆各种字体。

有了文化的王永民,时刻都想搞发明创造。他给家里做了精巧的捕鼠机,帮妈妈改造了纺花机,还经常将书上画的风向计、日影计时仪、小汽车、小火车等照样制作出来。有一天,他意外地发现,弯曲的管子可以把水从低处引到高处,便灵机一动,想造出一个能不断引水上山、流水推磨的"永动机"。当然,这一次他失败了。

1956年,王永民以优异的成绩,考上了全县最好的中学——南召一中。6年以后,王永民不但数理化的成绩出类拔萃,而且在文学上也显露出才华。报考大学时,他第一志愿填的是中国科技大学,第二志愿填的仍然是中国科技大学。因为他痛苦地看到一个无情的事实,就是中国的科学技术落在了世界水平的后面。在毕业典礼上,品学兼优的王永民代表全体毕业生上台讲话,他大声疾呼:"翻开我们学过的物理、化学课本,上面印的都是外国人的头像。我们中国人为什么不能有伟大的发明创造,把头像也印在课本上……"他的这句名言在全校广为流传,激发过不少校友的雄心壮志。但也有人把王永民称为"一个想把自己的脑袋印在书上的狂妄家伙!"

那一年,王永民以南阳地区第一名的成绩,考入了中国科技大学。中国科技大学62级是人才集中的年级,录取分数线居全国之首;严济慈、华罗庚、钱学森、马大猷等著名科学家,都亲自给62级学生上课。

这位满身土气的农民儿子,话语不多、自尊好强,每天都是十几个小时泡在书堆中,拼命吮吸知识。夜里读书发困时,他就狠揪自己的头发,以致他读过的书本中,都夹进了一根根黑发。每逢星期天,他就退掉两元钱的早餐票当车费,去北京图书馆,空着肚子苦读一天!假期中,他靠挖地基、抄卡片、做小工,换取菲薄的报酬,用来购置书籍文具……他读大学的6年间,家里一共只给他寄过10元钱!

可是,身体瘦弱、衣衫破旧的王永民,却十分引人注目,因为,在这个尖子班上,他的各科成绩常常夺魁。他暗暗立下志愿,要争取在30岁当上教授,成为一个对人类有贡献的人,让他这个中国人的头像也印到课本上! 他没有想到的是,"文化大革命"十年浩劫,彻底打破了他的雄心壮志。在那宣扬"知识越多越反动"的荒诞年代,他被人当成"坚持走白专道路的死硬派",受到歧视和迫害。尽管毕业鉴定上对他评价很高,认为他"学习目的明确,富有创造精神,善于独立思考,有坚强的毅力,成绩巩固扎实……"他却被派到辽宁海边的盐碱滩上学种水稻。后来虽然分配到四川永川山沟里的一家研究所工作,却不幸染上肝炎,又患肾结石,加上水土不服,整整8年,他几乎都是在病床上度过的。

一事无成的精神痛苦,对他的折磨比疾病更厉害!

无可奈何之际,他调回了老家所在的河南南阳地区,在科委当一名办事员。

1978年,南阳地区科委承担了省里的重点科研项目——汉字校对照排机的研制任务。当时王永民虽然在搞行政工作,但他敏锐地感觉到,一个以计算机的广泛应用为主要标志的信息时代已经到来,因此,他主动提出让他来承担这项高、精、尖的科研重任。在领导的支持下,王永民如愿以偿。

最初,王永民想找出一个现成的汉字编码方案,然后发挥自己在计算机硬件方面的优势,设计出一种新型键盘。可是这个方案难以实行。1980年,我国著名语言文字学家郑易里先生千里迢迢来到南阳,在文字学的研究方面,给了王永民许多有益的指导,并且把自己研究多年的 188 键汉字编码方案交给王永民试编验证。所谓 188 键,也就是说,必须要用有 188 个键位的键盘,才能打出需要的汉字。然而,西方文字的电脑键盘只需要用 26 个键! 由于这个方案的键数过多、重码多,所以最终无法实施。

有五千年中华文明的汉字,在电脑时代遇到了历史性的挑战。如果汉字无法进入 26 个键位的现代电子计算机,也就难以适应今天的信息社会,那么,中国人就必须寻找替代文字。说汉字有将被淘汰的危险,并不是一句吓唬人的话。

王永民意识到,他所要解决的,远不止一个照排机的问题,而是悠久的中华文明能否通过时代的考验,继续发扬光大的问题!

他把解决这个难题当成历史赋予他的光荣使命! 即使他不能完成这个使命,也要尽力为后人开辟出一条通道来。

汉字编码方案的研究工作,涉及语言文字学、计算机科学、工程心理学、信息科学等多种学科。王永民扎扎实实地对汉字作了系统的研究。他发现,一向被看作难学、难解、难写、难用的汉字,原来是既复杂又简单,只要用横、竖、撇、捺、折五种基本笔划,就可以构成几万个单字;每一个汉字都是由一个个字根按一定的程序和位置拼合起来的。英文有 26 个字母,那么汉字又有多少基本字根呢?

王永民在字海中游泳,和助手们把《现代汉语词典》上的 12000 个汉字逐个分解,把每个字所包含的字根分别抄成卡片,分类统计,找出了 600 个字根。随后又从 7000 多个常用汉字中归并出 300 多个字根,最后优选成 150 个。这是国内外汉字编码研究中从来没有人做过的工作。可是,由于无法进入实用,不得不放弃了。

为了研究出一个键位少、码长短、效率高、重码少的理想编码方案,王永民在数以万计的数据中寻觅、探索。键数一减少,"重码"必然会增多,也就是打同样的键,就会出现几个不同的字。比如,把字根"王"和"干"放在一个键上,和字根"氵"一组合,就会出现"汪"和"汗"两个重码字;"口"加上"八",便会出现"只"和"叭"两个重码字。这个问题使许多科研工作者伤透了脑筋。

1981 年,王永民在武汉参加电脑技术交流会,香港一家公司的女讲解员得意洋洋地宣称,他们的方案"研究了 8 年之久,是目前最先进的"。可王永民问起她重码字的处理办法时,她却目瞪口呆。原来,他们把重码字都排除在外,能输入的汉字只有三四千个,根本不能满足使用。

王永民经过深入研究,忽然发现,重码字之间,还是有区别可寻的,比如前面提到的"汪"和"汗",最后一笔的笔划分别是横和竖;而"只"与"叭"的组成位置不同。如果能在这一类字的最后加上一个标志末笔字类型的"识别码",不是可以使许多字得到区分吗?他的设想很快成为现实,"末笔字型识别原则"成了国内外汉字编码研究中的重要创造。

还有,有的汉字笔划很多,比如一个"齉"字,有 26 笔,即使分解成字根,也还有 6 个,打一个字要击 7 次键,就造成了"码长"的问题。怎样才能缩短"码长"呢?王永民的办法是只取 1、2、3 和最后一个字根,如打下"立"、"早"、"文"、"心"四个字根,电子计算机就会找出"戀"字来。这样,他又实现了每个汉字最多只要打 4 个键的设想,解决了"码长"的难题。

就这样,一个难点一个难点地攻破,他终于将键位减少到了 36 位。

现在,比英文键位只多十个了!

经过验证,使用现有的英文键盘,利用 26 个英文字母和 10 个数字键,就可以顺利地输入常用汉字了。王永民的研究,已经达到了国内外汉字编码研究的先进水平! 然而,王永民的心情却无法轻松。因为,在验证中,他发现了两个问题:一是数字键用来输入汉字,输入数字就遇到了困难;二是两只手要控制键盘上的四横排键位,也不方便,难以实现高速盲打。

也就是说,只有使用 26 个键位的编码方案,才能让汉字输入与英文输入一争高低!

而且,不久之后,台湾学者已研究出了 26 个键位的"天龙"方案。

王永民决心放弃已成功的 36 键方案,搞出一个能超过"天龙"的新方案!

又是一切从头开始。白天,他和 4 位年轻的助手,挤在旅社的简陋住室里,拿资料箱当凳子,用床板、被子当桌子,将卡片之山推倒重砌。7000 个常用字,3 个编码,6 个数字,一张一张摆开,一个一个校验。夜里,他们只好转移到公司的会议室里,气温降到零下 14 度,他们只好捂着被子取暖。经过连续 100 多个小时的拼搏,他们终于拿出了一个新的编码草案。

1983 年,"五笔字型"汉字输入法经过验证,效能超过了"天龙"方案,也把美国、日本、香港的同行甩在了后面。

汉字输入不能与西文同日而语的时代,一去不复返了!

1984 年 9 月,王永民作为"中国汉字电脑技术赴美演示团"的主要成员,在美国旧金山、洛杉矶、弗吉尼亚等地进行了紧张的演示活动,并作了十几次学术报告会。参观者看到洋电脑里居然出现一串串汉字,情不自禁地惊叹:"太神妙了!"、"简直不可思议!"在联合国总部,操作员每分钟输入 120 字的精彩表演,使那里的官员们不敢相信自己的眼睛,当即要求传授这项新技术。当地报纸以大量篇幅报道了这一消息,并且承认:"中国人最终解决了汉字输入电脑的世界性难题"、"输入速度快过英文"。

近年来,各种汉字输入法如雨后春笋,纷纷破土而出,但"五笔字型"输入法仍然是使用最多的方法。随着不断的优化改进,输入速度也不断提高,1991 年的全国"五笔字型"大赛中,一名解放军选手以每分钟输入 243 个汉字的速度,创造了世界上罕见的奇迹。"五笔字型"还是我国唯一获得美英两国专利、唯一向世界出口的中文电脑技术!

为了纪念它的发明人,人们已习惯地把它称作"王码"。

王永民在北京中关村创办了"王码电脑总公司",并自任总裁,已拥有 10 家分公司、两家海外公司、数以百计的代理商、数以千计的培训网点。以"利国利民、走向世界"为目标,该公司把"五笔字型"这项高科技成果更快、更大规模地转化为生产力。

人们在猜想,王永民一定也成了腰缠几百万、几千万的大富翁了。然而,在王永民心目中,个人名利根本不能和他所从事的事业相比。曾经有一家美国公司,以年薪10万美元的优厚条件,要把王永民留在美国。王永民想也没想就拒绝了,他淡淡地说:"这怎么可能!"

1991年,王永民又作出了一个惊世骇俗的举动。1月4日,他在人民大会堂宣布,为了让"五笔字型"尽快地造福于社会,王码电脑公司将本来可以产生百万元效益的最新成果——"王码5.0版汉字操作系统软件",向国内不加密开放,也就是说,中国人可以不付任何代价使用这种系统软件! 亲临会场的全国人大常委会副委员长严济慈在讲话中说:"作为一个科学家,这种精神难能可贵;作为一家公司,损失数以百万计的金钱,为国家的现代化事业作出贡献,在国内外电脑界也是没有先例的。我们的社会应当提倡这种精神,应当表扬这个创举!"

为了人民,为了祖国,一掷百万元,这才是中国新富豪的气魄!

(摘自 http://gd.cnread.net,薛冰著)

附录2

脑瘫女孩:鼻尖奏响的青春乐章
——记"不屈的天使"赵晨飞

赵晨飞个人介绍(摘自晨飞新浪博客)

我是一名患有重度脑瘫的女孩儿……六年来我自学会了电脑,由于我的双手不受控制,无法敲打键盘,于是我只能用鼻尖和下颌敲打出每一行文字,同时也抒写出了上百篇日记、诗歌、散文等。我的散文曾多次在西丰电视台"鹿乡文苑"西丰广播电台播出,并在西丰教育周刊、铁岭日报发表。

2003年至2005年,我被西丰县、铁岭市评为"三好学生"、优秀少先队员,2006年被西丰县评为首届"十佳少先队员",2007年在"新农村、新生活""万佳杯"辽宁省首届乡村楹联大赛中获得佳奖,并成为辽宁省楹联学会会员。在2005年我参加了全国青少年"身边最让我感动的人"评选,2006年被选为"感动辽宁十大新闻人物"。我的事迹被中央电视台少儿节目"新闻袋袋裤"栏目组录用并播出,目的是用我的自强精神来教育少年儿童,作为一名残疾人能够起到所能够起到的作用,觉得自己很欣慰。

人生的路途需要自己去拼搏,踏着春夏秋冬的脚步,有我的喜怒哀乐,没有人能随随便便就能成功,不经历风雨,怎能见彩虹。

赵晨飞身残志坚而勤奋学习的精神被各大媒体所报道

《铁岭日报》、《铁岭晚报》、《辽沈晚报》、《辽宁日报》、《共产党员周刊》、辽宁广播电视台、辽宁电视台"新北方"和"新发现"节目、铁岭电视台"今日关注"节目等纷纷报道了赵晨飞的事迹。2006年,赵晨飞被选为"感动辽宁十大新闻人物",她的事迹被中央电视台少儿节目和央视二套生活栏目播出。

央视二套生活栏目主持人在播出时动情地说:由于长时间的敲击键盘,晨飞的鼻尖和下巴经常红肿发炎。可是,这是唯一的打字方法,晨飞没有退缩,也不能放弃。四年来,晨飞以鼻尖和下巴代手,书写着自己的青春。

网友们说:你很坚强,你很好地诠释了生命的力量是多么伟大。我们这些健全的人都要向你学习。在你的身上,我们真正懂得了平凡的生命通过努力所创造的价值是无法估量的。

辽宁电视台"新北方"栏目说:她身体里蕴藏的善良和爱甚至让我们这些正常人都无力企及。

启 示

"用脸颊控制鼠标,用鼻尖、下颌敲打键盘写作",初听起来,简直是天方夜谭,怎么也难以令人相信。

就是这位叫赵晨飞的女孩,用鼻尖和下颌,在键盘上敲出了一篇篇令人怦然心动的生活乐章,几年来在网上发表了几百篇日记、诗歌、散文。在她看似柔弱的身体里,却有着一颗快乐而又坚强的心灵。这位在铁岭西丰县被人们叫做"张海迪"的女孩,在2007年2月28日,获得了"2006年感动辽宁十大新闻人物"的光荣称号。当时的颁奖词为:脆弱的身体中包裹着坚强的灵魂,赵晨飞的眼睛里,记者看到了水一样的清澈和火一样的坚强。

晨飞在用脸颊艰难地挪动鼠标么?不,她挪动的不是鼠标,而是挪动生命顽强的轨迹;她在用鼻尖敲打键盘么?不,她敲打的不是键盘,而是敲打每个人的心灵,每敲打一下,都仿佛敲在人们心上!她敲出的每个字,都是生命的音符,抚平了人们内心的创伤,让人们重新审视自己的生命。

"不屈的天使"——脑瘫女孩赵晨飞,用鼻尖奏响的青春乐章,给我们的启示是极为深刻的。在信息化高速发展的今天,我们要掌握好信息社会的核心技能——计算机文字录入,即电脑打字,特别需要的就是要有赵晨飞这种刻苦的精神。试想,她一个重度脑瘫病人都能掌握得好,我们这些健全人还有什么困难可言。

平平仄仄键盘陪,敢向寒冬做雪梅。颌下鼻尖敲玉路,茫茫网海伴晨飞。(——选自晨飞诗《鼻尖如手的残疾女孩》)

——赵晨飞的精神将鼓舞世人奋斗前行!

(部分文字摘录自《不屈的天使》,赵晨飞著,浙江大学出版社)

参考文献

《五笔自通》   清华大学出版社

《巧学巧用五笔字型(第三版)》 钟道隆   清华大学出版社

《五笔字型》培训速成强化练习   上海科学普及出版社

《电脑富豪王永民》 薛冰   http://gd.cnread.net